KB143847

천문학 이야기

천문학 이야기

초판 1쇄 발행 2023년 2월 15일
초판 2쇄 발행 2023년 5월 30일

지은이 팀 제임스 / **옮긴이** 김주희

펴낸이 조기흠
책임편집 이수동 / **기획편집** 최진, 김혜성, 박소현
마케팅 정재훈, 박태규, 김선영, 홍태형, 임은희, 김예인 / **제작** 박성우, 김정우
교정교열 신지영 / **디자인** 리처드파커 이미지웍스

펴낸곳 한빛비즈(주) / **주소** 서울시 서대문구 연희로2길 62 4층
전화 02-325-5506 / **팩스** 02-326-1566
등록 2008년 1월 14일 제 25100-2017-000062호

ISBN 979-11-5784-646-7 03440

이 책에 대한 의견이나 오탈자 및 잘못된 내용에 대한 수정 정보는 한빛비즈의 홈페이지나
이메일(hanbitbiz@hanbit.co.kr)로 알려주십시오. 잘못된 책은 구입하신 서점에서 교환해드립니다.
책값은 뒤표지에 표시되어 있습니다.

⌂ hanbitbiz.com ⓕ facebook.com/hanbitbiz Ⓝ post.naver.com/hanbit_biz
▶ youtube.com/한빛비즈 ⊙ instagram.com/hanbitbiz

지금 하지 않으면 할 수 없는 일이 있습니다.
책으로 펴내고 싶은 아이디어나 원고를 메일(hanbitbiz@hanbit.co.kr)로 보내주세요.
한빛비즈는 여러분의 소중한 경험과 지식을 기다리고 있습니다.

천문학 이야기

Astronomical

팀 제임스 지음 | **김주희** 옮김

빅뱅부터 블랙홀까지, 외계 생명체부터 쿼크 별까지
형언할 수 없이 신비롭고 흥미로운 우주과학의 세계

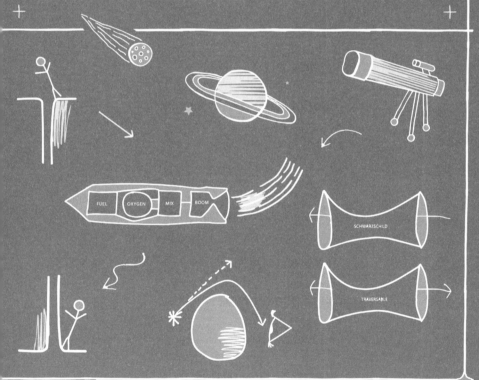

FUEL　OXYGEN　MIX　BOOM

SCHWARZSCHILD

TRAVERSABLE

"과학이 이렇게 재미있을 줄이야!"

《원소 이야기》《양자역학 이야기》에 이은
'과학 전도사' 팀 제임스의 교양과학 3부작 완결판

저자 특별 영상

HB 한빛비즈
Hanbit Biz, Inc.

차례

3부 | 별에 둘러싸인 생명체

인간은 오감을 발휘하여 자신을 둘러싼 우주를 탐험한다.

우리는 이 모험을 과학이라 부른다.

– 에드윈 허블Edwin Hubble

가장 이상한 것들의 집합체

2016년 미국 래퍼 B.o.B(본명은 바비 레이 시몬스 주니어Bobby Ray Simmons Jr.)가 트위터를 통해 지구 평면설Flat Earth을 믿는다고 세계에 알렸다.[1] 그는 또한 '과학이라 불리는 사이비 종교'가 우주 만물의 작동 방식을 사람들에게 잘못 알리고 있다는 자신의 신념을 노래에 담아 비판했다.[2]

일부 고대 문화권에서도 지구가 평평하다고 믿었지만, 현대판 지구 평면설은 1838년 영국 작가 새뮤얼 로버텀Samuel Rowbotham이 케임브리지셔를 흐르는 올드베드퍼드Old Bedford강을 따라 수위 측정 실험을 하면서 시작되었다. 생각만큼 물이 곡면을 따라 흐르지 않는다는 것을 발견한 로버텀은 지구가 구형이 아닌 원반형이라고 선언했다.

로버텀은 자신의 주장에 도전장을 내미는 사람에게 유머러스한 태도로 맞서서 허를 찌르는 능숙한 대중 연설가였다. 하지만 얼마 지나지 않아 과학자 앨프리드 러셀 월리스Alfred Russell Wallace가 로버텀의 실험을 재현했고, 굴절 등을 고려했을 때 결국 지구는 둥글다는 계산 결과가 나왔다.[3] 로버텀의 실험보다 더욱 인상적이었던 것은 율리시스 모로Ulysses Morrow가 수행한 실험이다. 그는 지구가 둥근 그릇 형태라고 결론지었는데, 이 결과만 봐도 모로의 실험이 얼마나 신뢰할 만한지 짐작된다.[4]

그로부터 150년이 지나, 세상에 빅토리아 시대의 지구 평면설을 알린 B.o.B는 로버텀보다 유리한 위치에 있었다. 전부터 B.o.B는 유명인이었고, 그의 주장은 아무런 검증 없이 언론에 보도되었다. 그가 자신의 신념을 발표한 지 몇 달 지나지 않아 다른 유명인사들이 B.o.B를 지지하기 위해 모였고, 지구 평면설을 신봉하는 공동체는 알려지지 않은 변두리 모임에서 출발하여 지금은 꽤 영향력을 떨치는 소수집단으로 성장했다. 지구 평면설 지지자들의 주장은 점점 설득력을 얻고 있으며, 2018년 유고브YouGov가 진행한 여론조사 결과에 따르면 현재 미국인 650만 명이 지구가 구형이 아니라고 믿는다.[5] 걱정되는 수치이긴 하지만, 깜짝 놀랄 일은 아니다. 오늘날 지구 평면설은 음모론의 요소와 함께 버무려져 있는데(위성사진에 찍힌 둥근 지구도 음모론으로 해석한다), 누가 음모론을 좋아하지 않겠는가? 음모론은 흥미진진하고 이해하기 쉬울 뿐 아니라 알아서는 안 될 진실과 마주한 자신을 현명하게 느끼도록 만든다.

기억하자. 음모론자들이 왜 그토록 기괴한 은폐 공작을 벌이는지 나로서는 이해할 수 없으나(그들이 어떻게 우주국, 항공사, 조종사, GPS 회사, 해군, 휴대전화 기업, 교사, 아마추어 천문학자, 망원경을 가진 아이들을 설득하고 동조하게 만드는지는 말할 가치도 없다), 여기서 음모론의 이유는 그리 중요하지 않다. 음모론은 재미있고, 주장을 뒷받침하기 위해 으스스한 배경음악이 깔린 흥미진진한 유튜브 영상을 주로 동원한다.

지구 평면설은 이미 르네상스 시대에 논의된 터라 그 가설을 논하는 행위 자체가 실망스러운 일임을 나는 과학 교육자로서 인정한다. 그래도 한편으로는 사람들이 의문을 가졌을 때 비웃음을 두려워하지 않고 다른 이들에게 질문할 수 있어야 한다고 믿는다.

사실, 나와 인간관계를 맺었던 지구 평면설 지지자들은 대부분 박식하고 분별력 있는 사람들이었으며 흔히 묘사되듯 사촌 간 결혼도 하는 무지렁이도 아니었다. 이런 사람들이 과학적 회의주의를 촉진하고 실험 증거의 중요성을 부각하는데, 이것이 결국 과학의 진정한 가치이다.

지구가 둥글다는 증거는 무수히 많다(부록 I 참조). 하지만 지구 평면설에서 내가 가장 흥미를 느끼는 부분은 그들의 주장이 전부 같은 접근 방식에 의존한다는 점이다. 지구 평면설 지지자들은 지구 구형론에 잘 들어맞지 않는 듯한 관찰 사항, 이를테면 가야 할 방향으로 이동하지 않는 별이나 특정 지점에서 보이지 않아야 하지만 보이는 건물 등을 지적한다. 그러고는 묻는다. "지구 구형론은 이를 어떻게 설명할 것인가?"

솔직히 말해 지구 평면설 지지자가 던지는 질문 중 일부는 상당히 그럴듯하게 들리지만, 이와 대조적으로 과학자들은 도출된 답이 그들의 직관과 너무 달라서 그 답을 믿지 못하게 되는 상황에 이따금 직면한다. 인간의 뇌는 문제를 간단하게 다루도록 신경망이 연결되어 있어서 실제 있는 그대로의 우주와 대면했을 때는 우주를 잘못 인식하기도 한다.

우주에서 물체가 어떻게 거동하는지 관찰(천체물리학)하거나, 우주가 어떻게 진화하는지 연구(우주론)하면서 마주하는 기이한 시나리오들은 우리를 큰 충격에 빠뜨린다. 우주를 '지금까지 존재했던 모든 것'이라는 의미로 본다면 우주는 상상 가능한 존재들 가운데 가장 이상한 것들의 집합체이다. 심지어 우리가 그러한 사실을 인지하는 상황에서조차도, 우주를 이해한다는 행위는 미성숙하고 유한한 인간의 정신을 넘어서는 것이다.

지구 평면설은 단순하고 받아들이기 쉽지만, 무언가가 명료해 보인다고 해서 그것이 반드시 진실인 것은 아니다. 사실 과학에서는 대부분 그 반대다. 우리가 단순한 일상에서 사용하는 감각이 얼마나 쉽게 현실을 착각하는지 알고 싶다면 착시 현상을 다루는 책만 훑어 보아도 충분하다.

　우리는 쉽게 이해할 수 있는 물리법칙에 지배되는 편안한 환경에서 산다. 하지만 하늘을 향해 수직으로 올라가다 보면 고도 10킬로미터에 도달하기도 전에 환경조건이 너무 달라지고, 너무 낯설어지고, 몸에 너무 맞지 않게 되어서, 말 그대로 여러분 몸은 죽어가기 시작한다. 인간은 지구의 바깥 세계에 대처하려고 만들어지지 않았다. 그러니 지구 밖을 내다볼 때마다 섬뜩함과 경이로움으로 뒤덮인 우주를 발견하는 것은 당연하다.

　지구 평면설 지지자들은 다루기 쉽고 안전한 관점에서 현실을 즐기지만, 우주를 제대로 알고 싶다면 이제는 본능과 직관과 단순한 설명에서 벗어나야 한다. 우주를 배우는 과정에 그런 것들은 필요하지 않다. 천문학은 다른 무엇보다도 기이한 우주를 다루는 과학이다.

1부

알면 알수록 기묘한 우주

1장

거대하고, 오래되고,
이상하다

우주는 천문학적으로 크다

우주의 크기를 글로 묘사하려다 보면 누구나 어려움에 부딪힌다. 우주를 표현하는 숫자가 터무니없이 커서 어떤 면에서는 언급 자체가 무의미하기 때문이다. 그래도 우주를 다루는 책이라면 시도는 한번 해봐야 하지 않을까?

우선, 우주 물리학에 관련한 숫자를 제대로 인식할 필요가 있다. 우리는 '많다'라는 표현을 할 때 '수백만' 혹은 '수십억' 같은 단어를 무심코 사용하지만, 사실 100만과 10억은 크게 다르다. 예를 들어 100만 초는 11일에 하룻낮을 더한 시간이지만, 10억 초는 31년이다

(궁금할지 모르겠지만, 1조 초는 대략 3만 2,000년이다). 앞으로 등장할 이야기들을 이해하려 머리를 싸매고 고심하는 동안 이러한 수 차이도 염두에 두도록 하자.

우리는 지구가 태양으로부터 1억 5,000만 킬로미터 떨어져 있다는 사실을 고민하는 것으로 시작할 예정이다. 여러분이 세계에서 가장 빠른 비행기 록히드 SR-71 블랙버드Lockheed SR-71 Blackbird를 타고 태양을 향해 날아간다고 가정하자. 블랙버드는 비행 속도가 약 1km/s이다. 이 속도라면 런던에서 출발하여 샌프란시스코에 도착하기까지 2시간 30분밖에 걸리지 않을 것이다.

여러분이 15살이 되고 나서 곧바로 록히드 비행기를 타고 출발해 태양으로 간다고 상상하자. 1초도 속도를 늦추지 않고 일정한 속도로 날아가 목적지에 도착할 때쯤이면 고등학교 3학년을 마쳤을 것이며, 이마저도 직선으로만 이동해야 가능하다.

지구는 현재 여러분이 탑승한 록히드 비행기보다 30배 더 빠른 속도로 태양 주위를 돈다. 여기에 어떤 의미가 있는지 따지기 위해 어제 이 시간에 여러분이 무엇을 하고 있었는지 떠올려보자. 어떤 일을 하고 있었든 현재 여러분은 어제 같은 시간에 있었던 곳으로부터 250만 킬로미터 떨어져 있다. 여러분은 총알보다 50배 더 빠른 속도로 여행하고 있으며 이 속도는 1초에 에베레스트산을 세 번 오를 수 있을 정도이지만, 이 엄청난 속도로도 태양 주위를 한 바퀴 공전하는 데는 1년이 걸린다.

태양도 단순한 불덩어리는 아니다. 태양 내부에는 지구 100만 개를 넣을 수 있는데, 이는 임신부가 운동할 때 사용하는 짐볼을 쌀알로 채우는 것과 마찬가지다. 여기서 쌀알 하나가 지구를 의미한다. 그만큼 질량이 큰 태양은 45억 킬로미터 떨어져 있는 해왕성 Neptune 과 그 사이에 존재하는 모든 행성을 끌어당긴다. 45억 킬로미터는 록히드 비행기로 142년이 걸리는 거리이다.

여기서 더 나아가면 우리는 태양계에서 가장 먼 곳에 자리하고 크기도 가장 큰 구조인 오르트 구름 Oort cloud에 도착한다. 얼음과 암석으로 구성된 이 구름은 반지름 15조 킬로미터인 구형을 이루어 태양계를 둘러싸고 있다. 지구에서 오르트 구름까지 빛의 속도로는 1년 반, 록히드를 타면 47만 5,000년이 걸리며 이는 인류가 존재한 세월보다 더 길다.

우리가 사는 태양계에서 가장 가까운 항성계인 알파 센타우리 Alpha Centauri는 프록시마 센타우리 Proxima Centauri, 알파 센타우리 A, 알파 센타우리 B로 구성된 삼중성계이고, 지구에서 이 항성계까지의 거리는 지구와 오르트 구름 사이 거리의 네 배에 달한다. 지구에서 알파 센타우리까지 빛의 속도로는 4년, 록히드로는 200만 년 걸린다.

여기서 더 멀리 나아가면 우리는 볼프 359 Wolf 359라는 멋진 이름이 붙은 항성계와 그보다 약간 덜 멋진 이름의 항성계 랄랑드

21185 ^{Lalande 21185}에 도달하는데 둘 다 빛의 속도로 8년, 록히드로 400만 년 걸린다. 그리고 지구와 이들 사이의 거리는 계속해서 멀어지고 있다.

태양은 원반 형태의 구름 속에 뭉쳐진 덩어리이다. 빛 공해가 없는 한적한 지역에서 한밤에 하늘을 올려다보면 우리는 그 원반 형태 은하의 가장자리를 볼 수 있다. 그 가장자리는 지평선 한쪽 끝에서 맞은편 끝까지 뻗어가는 빛나는 끈 혹은 우주 먼지로 이루어진 비행 구름처럼 보인다.

그리스인들은 헤라 여신이 지구에 버려진 아기 헤라클레스에게 젖을 물린 도중 흩뿌려진 젖 줄기가 빛나는 끈이 되었다고 믿었다. 그래서 우유를 의미하는 그리스어 갈락시아스^{galaxias}에서 은하수^{galaxy}라는 이름이 유래했으며 은하수에 우윳길^{Milky Way}이란 별칭도 붙게 되었다.

우리 은하의 크기는 과학사 대부분의 시간 동안 수수께끼였다. 그런데 2019년 3월 미국항공우주국^{NASA} 허블^{Hubble} 망원경과 유럽우주기구^{European Space Agency: ESA} 가이아^{Gaia} 위성의 관측 데이터를 결합하여 빛의 밀도를 판독한 결과, 우리 은하는 질량이 태양 질량의 1조 5,000억 배이며 항성을 2,000억 개 포함하고 있으리라는 예측이 조심스럽게 나왔다. 이 항성 숫자는 구름 속에 존재하는 물방울 숫자와 대등하다. 정말 멋지다. 우리는 말 그대로 별구름 속에 산다.

이 별구름은 너비가 100경 킬로미터로, 왼쪽 끝에서 오른쪽 끝까지 빛의 속도로 달리면 10만 6,000년이 소요된다. 은하계 중심 주위를 공전하는 우리 태양계는 1억 1,200만 년 후에 궤도 맞은편에 도착할 것이며, 이 정신이 혼미해질 정도로 큰 숫자에 우리는 아직 도달하지 못했다.

우리 은하에서 가장 가까운 별구름인 안드로메다은하는 2,300경 킬로미터 떨어져 있는데, 인간의 시야에서 이 숫자를 제대로 가늠할 방법은 없다. 여러분에게 친숙한 우리 은하(록히드를 타고 가로지르려면 30억 년 걸림)를 기준으로 헤아리면, 은하 지름의 23배가 우리로부터 안드로메다은하까지의 거리이며 이 가까운 이웃 은하에 항성 1조 개가 있다. 우리 은하와 안드로메다은하는 인류가 확인한 은하 1,000억 개 가운데 두 개에 불과하다.

여러분이 모래 한 알을 집어 밤하늘에 갖다 대면 가려지는 면적의 우주에는 항성 수십억 개로 가득 찬 은하가 적어도 1만 개 있으며, 그 안에 얼마나 많은 행성이 있는지는 천둥의 신 토르만이 알 것이다. 우주는 큰 존재보다 더 거대하고, 거대한 존재보다 더 웅대하며, 웅대한 존재보다 더 방대하고, 광대하고, 막대하다. 인간이 우주의 크기를 묘사하면서 사용할 만한 단어에는 '천문학적astronomical'이라는 수식어 외에 없다.

우주는 어마어마하게 오래되었다

인류가 가장 합리적으로 측정한 우주의 나이는, 수천 년 정도 오차는 있겠지만 대략 138억 년인데, 이 엄청난 시간의 길이를 한눈에 들어오도록 표현하는 좋은 방법이 있다.

천문학자 칼 세이건Carl Sagan이 1977년에 제안한 방식에 따라 우주의 일생은 1년짜리 달력으로 요약된다. 이 달력에서 우주는 1월 1일 자정에 탄생하여 현재 12월 31일 자정에 이르렀다.[1]

인간 종이 살아온 역사는 달력에서 대략 4분을 차지한다(실제 시간으로 20만 년). 이와 달리 공룡은 1억 7,000만 년 동안 지구를 떠돌았는데, 크리스마스날 점심시간에 등장하여 4일을 보내고 12월 29일 남았던 파티 음식이 동나면서 멸종했다.

이 모든 역사의 출발점으로 되돌아가면, 처음 수천 년간은 원자가 없었으므로 온 세상이 지금과는 다르게 보일 것이다. 당시 우주는 자유롭게 떠다니는 전자electron, 중성자neutron, 중성미자neutrino, 양성자proton, 광자photon가 반짝이며 부글거리는 거품이었다. 38만 년이 지나자 우주 온도가 충분히 내려가면서 전자와 양성자가 결합하여 가장 단순한 원소인 수소와 헬륨이 생성되었다. 요약한 우주 달력을 기준으로, 원자 없이 존재하던 에너지는 1월 1일 자정으로부터 14분이 지난 후에 안정한 입자로 만들어졌다.

성운_{nebulae}이라 불리는 이러한 원자 구름은 오래 지나지 않아 중력의 영향을 받고 안으로 빨려들기 시작했으며 원자핵들은 서로 충돌하여 더욱 무거운 원소로 융합되었다. 원소 융합 과정에서 방출되는 열은 중력 붕괴에 대항하여 물질을 밖으로 밀어낼 만큼 강력했고, 내부로 당기는 중력과 중심부에서 밀어내는 열 사이에 균형이 생겼다. 그 결과로 생성된 구_球 형태의 핵 플라스마는 최초의 태양이자, 가벼운 원소가 뜨거운 온도 속에서 무거운 원소로 변환되는 용광로였다. 그리고 얼마 안 있어 아기별을 양육하는 어린이집이 세워졌다.

우리가 아는 가장 오래된 은하는 2016년 3월에 관측된 GN-z11로, 우주가 시작되고 4억 년 뒤에 생성된 것으로 추정된다.[2] 우주 달력에서 이 시점은 1월 10일 오후 2시이며 사람들이 헬스장에 등록할지 말지 진심으로 고민하는 시기다.

우리 은하에서 가장 오래된 항성은 우주가 시작되고 8억 년 후인 우주 달력 1월 21일경에 태어났으며 이 시기 탄생한 항성들은 현재 몇 개 남지 않았다. 1세대 항성들 대부분은 오래전에 원자 연료 고갈로 붕괴되었는데, 이때 항성 중심핵을 구성하던 무거운 원소들이 은하계로 흩어지면서 우리 태양을 포함한 2세대 항성을 싹틔우는 비료가 되었다.

우리 태양은 46억 년 전(우주 달력 8월 31일)부터 생성되기 시작했는데 1세대 항성에서 탄생한 많은 원소 불순물이 직접 태양 용광로 속으로 들어가지는 않았다. 그 대신 불순물들은 태양 주위에 거대한 먼지 원반을 형성했고, 그 원반에 회오리가 일어나면서 뭉쳐진 암석들이 행성으로 태어났다.

우주의 잔해가 뭉쳐져 행성이 된다는 이야기는 단순한 추측이 아니다. 우리는 그러한 과정을 실제로 관측할 수 있다. 먼 우주에는 관찰 가능한 수많은 항성이 있고, 우리는 새롭게 생성되는 항성을 향해 망원경의 초점을 맞출 수 있으며, 실제 생성되는 모든 항성의 가장자리에서 행성이 태어나는 모습을 관측했다. 이를테면 행성 스메르트리오스Smertrios는 항성 HD 149026을 중심으로 공전하고, 이들보다 이름은 덜 매력적인 행성 PDS 70b가 항성 PDS 70 주위를 도는 모습은 스메르트리오스보다 더욱 쉽게 관찰된다.[3] 이들 행성은 탄생하는 과정에 놓여 있으며, 우리는 행성이 형성되는 모든 단계를 실시간으로 볼 수 있다. 그런데 엄밀히 말한다면 그 행성들은 아주 오래전에 태어났고, 오늘날 우리에게 도달한 것은 빛뿐이다. 내가 무슨 말을 하는 건지 눈치챘겠지?

인류의 터전 태양계는 태양이 빛나기 시작하고 약 1억 년 후, 우주 달력으로 치면 9월 1일 정오에 형성되었다. 태양계에 속한 내행성 네 개는 태양풍을 받아 대기층이 벗겨져 나갔지만, 외행성은 태양과의 거리가 먼 덕분에 대기가 유지되었다. 그 결과 태양계 내 행성은 암석으로 이루어진 내행성과 기체로 이루어진 외행성 두 그룹으로 나뉘었으며, 행성으로 자라는 데 실패한 잔해로 구성된 소행성대asteroid belt가 이들 그룹 사이에 놓이게 되었다.

같은 날인 9월 1일 오후 6시경, 테이아Theia라는 이름의 작은 행성이 지구 근처를 떠돌다가 지구와 충돌한 것으로 추정된다. 이때 충돌로 발생한 파편이 지구를 중심으로 공전하기 시작했고, 지구가 탄생한 지 1억 년이 지나자 파편들은 뭉쳐져 또 다른 구형 구조물이 되었다. 바로 달이다.

충돌 이후 대략 10억 년간 지구는 아무런 생명체 없이 까맣게 그을려 있었으나, 9월 30일 늦은 저녁이 되자 온도가 충분히 낮아져 대기의 수증기가 바닷물로 응결되었다. 얼마 뒤에는 진흙 속에서 최초의 원시 생명체가 꿈틀대기 시작한다. 어떻게 이런 일이 일어났는지는 여전히 과학계에서 가장 흥미로운 수수께끼지만, 우리는 12월 20일 최초의 식물이 등장하여 광합성을 시작했으며 5일 후에 공룡이 나타나 식물을 먹었다는 사실은 알고 있다. 그리고 12월 31일 자정 4분 전 인류가 으스대면서 무대에 오른다.

새해를 맞이하면서 사람들이 모여 외치는 카운트다운에 비유한다면, '10'을 외칠 때 수메르 지역에 문명이 싹트기 시작하고 '9'에서 피라미드가 세워진다. 자정이 되기 5초 전 베들레헴에서 예수가 태어난다. '4'를 외친 순간 로마가 함락된다. 자정 3초 전에는 바이킹이 서유럽을 정복하기 시작하고, 2초 전에는 칭기즈칸이 아시아를 정복하여 역사상 가장 큰 제국을 건설한다. 그리고 1초를 남기고 콜럼버스가 미국 해안에 상륙하면서, 마침내 우리는 12월 31일 자정인 현재에 이른다.

우리는 미래를 내다보면서 우주의 다음 1년간 태양계에 어떠한 일이 일어날지 확실하게 예측해 달력을 계속 채워갈 수 있다.

지금부터 3억 년 뒤인 내년 우주 달력 1월 8일 토성Saturn의 고리는 비가 되어 행성 표면에 내려 사라질 것이다. 여러분이 혹시 아름다운 고리를 가진 행성을 좋아한다 해도 아쉬워할 필요는 없다. 토성이 고리 장식을 잃기 5,000만 년 전, 화성Mars 주위를 도는 위성 포보스Phobos가 중력의 영향을 받아 깨지면서 생성된 조각들이 화성을 중심으로 원을 그리며 늘어서서 훌라후프를 형성할 것이다.

향후 50억 년간 태양 중심을 채운 수소 연료는 서서히 고갈될 것이다. 현재 태양은 초당 60억 킬로그램 속도로 질량을 잃고 있는데, 일단 수소 식량이 전부 소비되면 중력이 우세해지면서 태양 바깥층은 무너지기 시작한다.

이 현상이 다음 수천 년 동안 태양 중심을 압박하면, 우리의 직관과 다르게 태양은 최후의 핵폭발을 격렬하게 일으킬 것이다. 이 폭발로 발생한 열은 과거 어느 때보다 훨씬 뜨거운 까닭에 태양 바깥층을 우주 쪽으로 다시 팽창시키고, 그 결과 태양은 적색거성으로 변화하여 수성Mercury, 금성Venus, 그리고 마침내 지구를 삼킨다. 내년 달력에서 5월 초 무렵이면 우리 지구는 영원히 사라진다.

태양 바깥층이 그 후 10억 년에 걸쳐 주변 우주로 분해되면, 한때 태양 중심부에서 뜨겁게 불탔던 밀도 높은 핵만 남을 것이다. 이것이 우리가 백색왜성이라 부르는 존재다. 백색왜성은 수소와 헬륨, 그리고 그보다 좀 더 무거운 원소인 탄소와 산소로 구성된 거대하고 뜨거운 결정이다. 백색왜성이야말로 크고 뜨거운 다이아몬드인데 왜 그런 식으로 자주 언급되지 않는지 잘 모르겠다.

우리에게 가장 가까운 백색왜성은 큰개자리Canis Major에 속한 시리우스Sirius B이다. 지구보다 크기는 훨씬 작지만, 성능이 괜찮은 망원경을 사용한다면 겨우내 계속해서 관측할 수 있다. 우주 달력 내년 6월 초까지 우리 태양이 어떻게 변화할지는 시리우스 B가 내뿜는 희미한 빛으로 미루어 짐작할 수 있다.

크고 뜨거운 다이아몬드는 서서히 열을 발산하면서 우리가 흑색왜성이라 일컫는 존재, 즉 한때는 활활 타오르는 항성이었으나 이제는 차갑게 식은 시체가 된다. 이러한 현상이 일어나려면 우주가 지금까지 먹은 나이보다도 더 오랜 세월이 흘러야 하므로 흑색왜성이 실제로 형성된 적은 아직 없지만, 결국 우리 태양은 얼어붙으면서 잔해가 전부 고독한 흑진주black pearl로 변할 것이다.

오, 게다가 우주는 놀랄 만큼 이상하다

　인류가 다른 행성과 항성을 분석하는 방법은 두 가지다. 행성과 항성이 우리 태양계 안에 있다면, 우리는 그곳으로 탐사선을 보내 직접 탐사할 수 있다. 이 글을 쓰는 시점까지 인류는 금성에 15번, 화성에 16번 탐사선을 착륙시켰고, 목성Jupiter 대기에 탐사선 두 대를 띄웠으며, 한 번은 토성의 위성 타이탄Titan 지표면에도 탐사선을 보냈다. 달에는 탐사선 47대, 몇몇 소행성에는 세 대, 혜성에는 두 대 착륙시켰고 수성으로 날아간 탐사선은 수성 표면에 충돌했다. 그리고 기이한 면모에 있어서 태양계는 우리를 실망시키지 않는다.

　수성은 얇은 헬륨 대기층에 둘러싸여 있고, 텍사스주를 삼킬 만큼 거대한 분화구가 지표면에 있다. 그리고 햇빛을 향하여 돋아난 식물 새싹과 비슷한 형태로, 지표면에서 이탈한 수소 기체가 수성 꼬리를 형성하는데 왜 이러한 현상이 일어나는지는 아무도 모른다.

　금성은 표면 온도가 섭씨 460도로 태양계에서 가장 뜨거운 행성이다. 진한 황산 성분인 빗방울이 떨어지다가 지표면에 닿기 전에 기화되어 대기로 되돌아간다. 금성의 대기압은 지구보다 90배 이상 높아 금성 땅바닥을 걷는 것은 지구 바다 밑바닥을 걷는 것과 마찬가지이고, 얼음이 아닌 황화납 알갱이가 눈으로 내린다.

　인간이 만든 로봇으로 북적이는 화성은 지표면이 빨간색 산화철

층으로 얇게 덮여 있으며 지하에는 거대한 호수에 물이 고여 있다. 한낮에는 분홍색으로 보이는 하늘이 해 질 녘에는 파란색으로 보인다. 태양계에서 가장 높은 산이자 에베레스트산보다 2.5배 더 높은 올림푸스몬스Olympus Mons 화산이 지표면에 솟아 있으며, 눈사태와 먼지 폭풍이 행성 전체를 뒤덮는 기후 특징을 보인다.

목성은 질량이 태양계 나머지 행성들을 전부 합친 질량보다 두 배 더 크고, 회전속도가 가장 빨라 하루가 10시간밖에 되지 않는다. 그리고 중심부 온도가 태양 표면보다 여섯 배 더 뜨거운 2만 4,000도로 추정되며, 크기가 태양계에서 가장 큰 행성이고 자기장은 지구보다 20배 강하다.

목성은 또한 붉은 반점으로 유명하다. 이 반점은 지름이 지구보다 두 배 큰 폭풍이며 색이 왜 붉은지는 아직 알려지지 않았다. 목성이 거느린 80개의 위성 중 하나인 이오Io에는 지구를 제외한 태양계에서 유일하게 활화산이 있고, 유로파Europa에는 지표면에 형성된 얼음층 밑으로 액체 상태의 거대한 바다가 존재한다. 앗, 그리고 목성은 지구를 뺀 나머지 태양계에서 레고 조각을 보유한 유일한 행성이다. 2016년 주노Juno 탐사선이 목성으로 날아가면서 갈릴레오, 주피터, 주노(주피터와 주노는 그리스 신화의 제우스와 헤라를 영어식으로 표기한 것 – 옮긴이)를 묘사한 레고 조각상 세 개를 챙겨 갔기 때문이다.[4]

얼음 고리와 1킬로미터도 되지 않는 암석층을 지닌 토성은 솜사

탕처럼 보송보송해서, 만약 여러분이 우주에 토성이 잠길 만큼 거대한 욕조를 만든다면 토성은 욕조 수면 위에 솜처럼 둥둥 뜰 것이다. 토성 주위로는 60개가 넘는 위성이 공전하고, 그중 하나인 타이탄에는 얼음으로 뒤덮인 지표면 위로 액체 메탄(학교 실험실에서 쓰는 분젠버너용 연료) 강이 흐른다.

천왕성Uranus은 거대한 얼음덩어리로 대부분 물과 암모니아와 메탄으로 이루어져 있으나, 외부 대기층이 수소와 헬륨으로 구성되어 옅은 푸른색을 띤다. 그리고 자전축이 옆으로 누운 채 공전하는 유일한 행성이며(아마도 먼 옛날에 다른 행성과 부딪혔을 것이다), 위성 30개에는 셰익스피어 희곡의 등장인물 이름이 붙었다.

태양에서 가장 멀리 떨어진 행성이자 바람이 가장 많이 부는 행성인 해왕성에서는 풍속 2,000km/h에 이르는 허리케인이 행성 표면을 가로질러 질주한다(이것이 어떻게 가능한지는 아무도 모른다). 해왕성은 지구보다 네 배 크지만 밀도가 훨씬 낮고 중력은 지구와 거의 비슷하기 때문에, 우리가 실제로 방문한다면 중력 면에서는 화성보다 해왕성이 더 편안할 것이다. 게다가 해왕성에서 내리는 비는 태양계에서 가장 독특한데, 대기권 상층부에서 탄소 눈송이가 결정화되면서 생성된 다이아몬드가 작은 우박으로 내리기에 적합한 대기 조건이기 때문이다.

이 행성들은 우리의 가까운 이웃이다. 따라서 멀리 떨어진 행성을

관찰하려면 로베르트 분젠Robert Bunsen(앞서 말한 분젠버너를 고안한 인물)
이 발명한 분광학이라는 기술을 활용하여 관찰해야 한다. 분광학은
간단한 원리로 작동한다. 화학물질은 저마다 다른 진동수의 빛을 흡
수하고 방출하기 때문에, 먼 곳에 있는 물체가 내뿜은 빛을 분석하
면 그것이 무엇으로 구성되어 있는지 알아낼 수 있다.

우리가 연구하는 항성 앞으로 행성이 지나갈 때, 그 행성 대기가
어떠한 성분으로 이루어졌는지에 따라 항성의 빛이 행성 대기에 일
부 흡수된다. 어떤 진동수의 빛이 행성 대기에 흡수되는지 파악하면
우리는 멀리 떨어진 세계의 날씨도 알아낼 수 있다. 그런데 기이한
면모에 있어서라면, 다른 은하계 역시 우리를 실망시키지 않는다.

행성 게자리 55 e55 Cancri e는 내부의 3분의 1이 다이아몬드로 이루
어졌다고 예상된다.[5] 행성 J1407b는 토성과 유사한 고리를 지녔으
나, 그 고리가 토성 고리보다 640배 넓어서 저녁 식탁에 오른 접시
한가운데에 놓인 완두콩처럼 보인다.[6]

행성 와스프-12bWasp-12b는 색이 아스팔트처럼 검고, 항성(수명이
1,000만 년 남음)이 끌어당기는 과정에 한쪽 축이 서서히 늘어나 달걀
형태를 띤다.[7] 또, 행성 CoRoT-7b는 항성에 너무 가까이 있어서 용
암 바다가 표면을 흐르고, 행성 글리제 1214 bGliese 1214 b는 물이 압
력을 받아 생성된 얼음으로 이루어졌으나 온도가 매우 높아 불이 붙
은 상태인 '불타는 얼음' 행성으로 추정된다.[8]

성운 궁수자리 B2 Sagittarius B2는 라즈베리 맛을 느끼게 하는 화학 물질 에틸 메타노에이트ethyl methanoate로 만들어졌다.[9] 항성계 카스토르Castor에는 항성이 여섯 개나 있어서 저글링을 하듯이 지그재그로 운동하며, 항성 V 히드라V Hydrae는 크기가 화성보다 두 배 큰 플라스마 포탄을 우주를 향해 발사한다.[10]

행성 TrES-2b는 은하계에서 가장 어두운 행성으로, 표면으로 입사된 빛을 거의 다 흡수한다.[11] OGLE-TR-56b라는 이름의 행성에서는 용해된 철이 비로 내린다.[12] 목성보다 두 배 큰 행성 HAT-P-7b에서는 산화알루미늄 비가 내리는데, 이 화학물질은 루비의 주요 성분이다.[13] 그리고 HD 189733b는 녹은 유리 성분인 빗줄기가 가로 방향으로 내리는 행성이다.[14]

우주는 천문학적으로 거대하다.

우주는 어마어마하게 오래되었다.

우주는 놀랄 만큼 이상하다.

2장 •

태양계의
신비를 풀다

고대 그리스인의 천문학

역사 속 모든 인류 문명은 별들을 분류해왔다. 지상에 어떠한 혼란이 발생할지라도 하늘만은 변하지 않고 안정되어 있음을 가르쳐주는 천문학이 우리 조상들을 안심시켰기 때문일 것이다. 어쩌면, 별들이 화려하게 수놓인 어두운 하늘을 올려다보면 재미있다는 단순한 사실에서 별을 보기 시작했는지도 모른다. 이유가 어찌 되었든, 모든 문화권 사람들은 별자리가 1년 주기로 반복되는 패턴을 따른다는 사실을 발견한 것 같다. 이는 농사짓는 법을 익히면서 계절 변화를 예측할 필요가 있는 사람들에게 유용한 지식이다.

별을 연구하면 미래를 예측할 수 있다는 이 발견은 바빌로니아인들의 지지를 얻었고, 점성술과 별자리 운세의 형태로 오늘날까지 남았다. 그런데 아쉽게도 점성술에서 비롯한 예측은 대부분 상당히 모호하기 때문에(부록 II 참조) 정교한 예측을 바란다면 고대 그리스인과 직접 대화해야 한다.

로마인의 침략으로 그리스가 멸망하기 전, 그리스의 천문학은 시대를 현저히 앞서 나갔다. 예를 들어 아낙시만드로스Anaximandros(기원전 590년)는 지구가 구형이므로 하늘은 지평선 아래로 계속 이어져야 한다는 사실을 깨달았는데, 이는 대기가 돔이 아닌 지구 주위를 둘러싼 거품이라는 의미였다. 또 아낙사고라스Anaxagoras(기원전 500년)는 별이 불로 만들어졌다고 생각했고, 아리스타르코스Aristarchos(기원전 280년)는 태양이 지구를 도는 것이 아니라 지구가 태양을 중심으로 공전한다고 추측했다.

천문학에서 최초로 정밀한 예측을 한 사람은 기원전 585년 5월 28일 일식을 예언한 밀레투스 출신의 학자 탈레스Thales였다. 역사 기록을 세심하게 연구한 끝에 탈레스는 일식이 신이 분노한 결과가 아님을 깨달았다. 일식은 별 운동처럼 주기를 따랐다. 그는 일식을 일으키는 원인이 무엇인지 몰랐으나(그 원인은 몇 세기 후 중국 천문학자 석신石申에 의해 밝혀졌다), 보이는 현상 이면에 메커니즘이 존재해야 함을 알아차렸다.

탈레스는 또한 자신을 포함한 만물이 물로 이루어져 있다고 설명했는데, 이는 기록으로도 남아 있다. 다소 황당무계하게 들리긴 하지만, 물이 다양한 형태(눈, 얼음, 우박, 증기, 안개 등)로 존재하는 것을 볼 때 만물은 어떠한 방식으로든 물에서 유래했으리라 그는 추측했다.

탈레스가 등장하는 이 두 가지 이야기 속에 과학의 정신이 완벽하게 요약되어 있다. 풍부한 상상력을 발휘하여 세상이 어떻게 돌아가는지 규명하려 하자, 탈레스는 어처구니없는 결론에 이르렀다. 반면에 실험 가능한 예측을 기반으로 추론하면서는 결국 중요한 발견을 해냈다. 과학은 기발한 아이디어를 단순히 떠올리는 것에서 끝내는 활동이 아니라, 그 발상이 옳은지를 확인하는 과정이다.

하지만 내가 생각하기에, 과학에 가장 헌신적이었던 고대 과학자는 기원전 5세기에 활동한 엠페도클레스Empedocles였다. 그는 완벽하게 틀린 가설을 떠올리는 놀라운 재주를 가지고 있었지만, 그렇다고 해서 가설 제안을 주저하지도 않았다.

엠페도클레스는 네 가지 화학 원소가 있다고 제안했다. 하지만 원소는 118가지이다. 그는 별들이 우리 주위를 회전하는 유리 돔에 고정되어 있다고 추정했다. 그러나 별은 그런 존재가 아니다. 그는 또한 눈에서 마법의 레이저가 나와 우리가 앞을 볼 수 있도록 돕는다고 예상했다. 하지만 눈에서는 빛이 나오지 않는다. 그리고 가장 주목할 만한 제안으로, 엠페도클레스는 자신이 용암에도 끄떡없는 사람이므로 활화산 분화구로 뛰어들어도 살아남을 수 있다고 주장했다. 하지만 그는 살아남지 못했다.

우리는 움직이고 있을까?

하늘의 모든 존재를 기본적인 법칙으로 예측할 수 있다는 탈레스의 이론은 달의 위상과 별자리 및 일식의 주기에는 적용되었지만, 그렇지 않은 것도 다섯 가지 있었다. 이 다섯 개 빛점은 지그재그로 움직였는데, 때로는 우리가 역행 운동이라 부르는 움직임을 나타내면서 반대 방향으로 이동하기도 했다.

위대한 철학자 플라톤Platon이 학생들에게 다섯 개의 빛점이 운동하는 경로에서 주기를 드러낼 법칙을 고안하라는 과제를 주기도 했으나 누구도 답을 찾지 못했다. 그 빛점들은 움직이는 경로가 어떠한 주기도 따르지 않는 듯 보였기 때문이다. 따라서 그리스인들은 빛점들이 제각기 다른 하나의 신으로부터 지배를 받는다고 생각하면서 빛점에 헤르메스, 아프로디테, 아레스, 제우스, 크로노스라는 이름을 지어주고 이들을 통틀어 플라네테스planetes라 불렀다. 이 단어는 '방랑자'를 의미한다.

수백 년 후, 앞서 언급한 제국주의적 팽창이 진행되는 동안 로마인들은 행성에 관한 아이디어는 마음에 들지만 그리스식 명칭은 유지하고 싶지 않다고 생각했다. 따라서 행성의 이름을 수성, 금성, 화성, 목성, 토성으로 바꾸었다. 이후 그리스인은 모두 죽었고, 천문학은 암흑기에 해당하는 대략 1,000년의 세월 동안 짓밟혔다.

다행히도 아랍 세계는 좀 더 발전한 시각으로 사물을 들여다보고 하늘을 연구하면서 지속적으로 성과를 얻었다. 10세기, 잘 알려지지 않은 시기에 활동한 아랍 학자 아부 사이드 알시지Abu Sa'id al-Sijzi가 특히 놀라운 발견을 했다. 우리는 알시지가 어떤 사람이었는지 거의 알지 못하지만, 그가 별의 움직임을 시뮬레이션하는 아스트롤라베astrolabe라 부르는 장치를 고안하여 그 공로를 인정받았다는 사실은 알고 있다.[1]

다른 천문학자들도 적어도 1,000년 전부터 천체관측기구를 만들고는 있었다(중국 학자 경수창耿壽昌이 기원전 70년에 관측기구를 만들었다는 기록이 있다).[2] 하지만 알시지가 만든 장치는 유독 특별했는데, 별들을 고정하고 지구를 회전시키도록 설계한 그의 발명품은 놀랍게도 늘 일관된 예측을 내놓았다.

지구가 멈춰 있다는 가정은 그야말로 하나의 가정일 뿐이었다. 그렇게 되어야 한다는 실질적인 증거는 없었으며, 정반대로 관점을 전환해도 문제는 없었다. 알시지 덕분에 사람들은 지구가 정지했다는 가정을 더는 증명할 수 없었다.

하지만 지구가 회전하고 있다면 분명 우리는 끊임없이 바람의 저항을 느낄 것이다. 게다가 공중으로 폴짝 뛰면 발아래로 지구가 회전하여 우리는 다른 지역에 착지할 것이다. 알시지의 아스트롤라베가 도출한 결과는 우연의 일치였음이 틀림없다. 그렇지 않은가?

아니, 유감이지만 그렇지 않다. 1377년 니콜 오렘 Nicole Oresme 주교가 지적했듯, 그런 경험에서 나온 상식들이 여기서는 통하지 않는다.[3] 지구 대기는 지구와 같은 속도로 함께 회전하는 까닭에 지표면 위 사람들에게는 움직이지 않는 것처럼 보인다. 또한 땅에서 하늘을 향해 힘껏 뛰어도 여러분 위치는 변화하지 않는데, 이는 달리는 기차 안에서 제자리 뛰기를 해도 위치가 변하지 않는 것과 같은 이유에서다.

여러분이 기차에서 폴짝 뛰었음에도 위치가 변하지 않는 것은 기차 바닥 관점에서 볼 때만 그런 것이며 여러분은 이미 이동하고 있다. 기차 밖 누군가의 관점에서 볼 때, 여러분은 바닥을 기준으로 포물선 운동을 하는 듯이 보인다. 오직 여러분의 관점에서만 주위가 수직 방향으로 움직인다. 마찬가지로 우주에서 누군가가 여러분이 지구 표면 위로 깡충깡충 뛰는 모습을 본다면, 여러분은 다른 별들을 기준으로 포물선을 그리며 뛰어오르는 듯이 관찰될 것이다. 알시지의 발명품은 논리적으로 타당했다. 다만 지구가 움직이는지 아닌

지를 확인할 방법이 없었다.

르네상스 시대의 어리석은 자들

다음 세기에는 행성을 둘러싼 문제를 해결할 다양한 방법들이 제시되었다. 여기에는 주전원 epicycle 이라 부르는 복잡한 가설도 포함된다. 각 행성이 고유의 원형 궤도를 따라서 도는 동시에 지구를 중심으로 공전한다는 가설이다.

그 후 16세기 초 폴란드 학자인 니콜라우스 코페르니쿠스 Nicolaus Copernicus 가 급진적인 가설을 제안했다. 코페르니쿠스는 프롬보르크 Frombork 성당 참사회 위원일 뿐만 아니라 대학교에서 의학과 법률을 동시에 공부한 똑똑한 인물이었다.

코페르니쿠스는 죽기 직전인 1543년에 책을 한 권 출판했는데, 책에서 그는 우리가 모든 것을 반대로 받아들이고 있다고 설명했다.[4] 그가 보기에 태양계 중심에는 태양이 있고, 지구를 포함한 행성들은 태양계에서 궤도를 돌고 있었다. 이를 바탕으로 우리는 행성이 나타내는 독특한 역행 운동을 설명할 수 있다. 이 역행 운동은 지구가 궤도 운동을 하는 과정에 때로는 다른 행성을 추월하면서 발생한다. 특정 시기에 지구 앞에 놓여 있던 다른 행성을 지구가 따라잡아

추월하면, 이후에 그 행성은 우리가 보기에 역방향으로 움직인다.

그뿐만 아니라 코페르니쿠스는 지구가 수성과 금성 다음으로 태양에 가까운 세 번째 행성이라고 믿었으며, 태양 중심 우주를 가정하면 행성 운동 데이터가 더욱 타당해지는 동시에 셀 수 없이 많은 주전원을 고려할 필요가 없어진다는 것을 보여주었다. 이 선동적인 책을 집필한 후 코페르니쿠스는 결혼식장 축포처럼 자신의 가설을 허공에 터뜨리고 곧바로 세상을 떠났다.

코페르니쿠스가 자신의 가설을 발표하기 위해 죽음이 임박하기까지 기다렸던 이유는 정확하게 알 수 없지만, 성경에 기술된 지구 중심설, 즉 지구가 아닌 태양이 돈다(《여호수아》 10장 13절, 〈전도서〉 1장 5절)는 내용을 문자 그대로 해석하면 태양 중심설과 서로 상충하는 탓일 수 있다. 질문 하나 던지는 것에 불과하더라도 16세기 유럽에서 성경을 부정하는 행위는 몹시 어리석은 짓이었다.

오늘날 대중에 널리 퍼진 신화와 달리 코페르니쿠스의 아이디어는 당시 아무도 심각하게 받아들이지 않았으므로, 오랫동안 교회로부터 공격받지 않았다고 말하는 게 맞다. 지구가 태양 주위를 돈다는 코페르니쿠스의 주장은 진정한 헛소리였고, 심지어 위대한 마틴 루터Martin Luther도 다음과 같이 언급하며 코페르니쿠스의 생각을 비웃었다. "요즘은 이런 식이다. 누구든 똑똑해 보이고 싶으면 다른 사람의 의견에 반기를 들어야 한다. 코페르니쿠스는 스스로 뭔가를

해야만 했다. 하지만 천문학 전체를 뒤집으려는 행동은 바보나 하는 짓이다."[5]

명심해야 할 것은, 코페르니쿠스의 모델은 어떠한 새로운 예측도 하지 않았다는 점이다. 단지 그 당시 다른 어떠한 모델보다도 활용하기가 수학적으로 훨씬 쉬웠을 뿐이다. 따라서 천문학자들은 코페르니쿠스 모델을 순수하게 계산 도구로 채택하기 시작했고, 공평하게 말해 그 이상으로 대접할 이유는 없었다. 오히려 약식으로 간단히 하는 계산에서 코페르니쿠스 모델은 측정값과 잘 맞지 않았기 때문에 그런 상황에서 최상의 결과를 얻으려면 '지구는 움직이지 않는다'는 표준 접근법을 사용해야만 했다.

코페르니쿠스 체계가 발전하는 데 가장 큰 공을 세운 사람(정작 본인은 그 체계에 동의하지 않았지만)은 덴마크 귀족 튀코 브라헤Tycho Brahe다. 그는 틀림없이 당대 최고의 천문학자인 동시에 가장 주목할 만한 괴짜 중 한 사람이었다.

코페르니쿠스가 사망하고 3년 뒤 브라헤는 부유한 가정에서 12남매 중 장남으로 태어났다. 그의 아버지가 프레데리크 2세Frederick II의 추밀고문관 중 한 사람이었기에 튀코도 정치에 참여하리라 예상되었지만, 그는 10대 시절 과학에 푹 빠진 뒤 정치가가 아닌 과학자가 되기로 마음먹었다.

튀코 브라헤는 누구보다 열정 넘치는 과학자로, 학자 만데루프 파르스베르Manderup Parsberg와 수학 공식을 놓고 누가 옳은지 다툰 적이 있다. 그리고 다투는 도중 파르스베르의 검에 코가 잘려 나간 그는 평생 가짜 청동코를 붙이고 살아야만 했다.

그런데 몇 년 후 물에 빠진 프레데리크 왕을 구한 보상으로 벤Hven 섬에 세워진 성을 받으면서 브라헤의 운명이 달라졌다. 프레데리크 왕은 벤섬에 성뿐만 아니라 천문대, 화학 실험실, 개인 인쇄기를 갖춰두었다. 브라헤는 그리스 천문학의 여신 우라니아에서 유래한 우라니보르Uraniborg라는 이름이 붙은 자신만의 과학 테마파크를 손에 넣게 되었다.

브라헤에게는 이보다도 별난 면이 있었는데, 그는 텔레파시 능력이 있는 난쟁이 제프Jepp를 고용하고 함께 살았다. 그러고는 온종일 노래를 부르며 그를 따라다녔다. 더군다나 한 번도 명확하게 증명되지 않은 이유를 들어 애완 사슴을 가는 곳마다 데리고 다녔다. 불행하게도 그 사슴은 계단에서 굴러떨어져 비극적이고도 의문스러운 죽음을 맞이했다. 브라헤는 당시 사슴이 술에 취해 있었고 계단을 내려가려 해서는 안 되는 상황이었다면서 자기 잘못이 아니라고 변명했다.[6]

우라니보르에서 지내는 동안 튀코 브라헤는 별이 태양보다 더 멀리 있음을 인류 역사상 최초로 깨닫는 등 천문학에 지대한 공헌을 했다. 하지만 그가 남긴 가장 위대한 업적은 독일 천문학자 요하네스 케플러 Johannes Kepler와의 긴장감 넘치는 공동 연구 도중 탄생했다.

케플러는 코페르니쿠스식 접근법의 열렬한 지지자였다. 비록 계산값이 측정값과 완벽하게 일치하지는 않았지만 코페르니쿠스의 아이디어가 지구를 우주 중심에 두는 접근보다 더욱 우아하다고 느꼈다. 황제 루돌프 2세 Rudolph II의 궁정 점성술사로 일하며 생계를 꾸린 케플러는 브라헤가 제공한 천문학 자료를 토대로 황제를 위한 별자리 운세를 점쳤다. 케플러 자신은 별점을 믿지 않았음에도 점성술사로 일해야 했는데, 이유는 뭐 여러분도 알다시피 어떻게든 먹고살아야 했기 때문이다.

케플러와 브라헤는 서로 경멸한 사이로 유명하다. 케플러는 극도로 수줍음을 타는 사내였던 반면 브라헤는 심령술사 난쟁이가 노래를 부르는 동안 사슴에게 술을 먹여 계단 아래로 던져버리는 사내였던 까닭일 것이다. 더군다나 브라헤가 이따금 데이터를 독차지하고 수학 계산을 하려는 케플러를 자신의 연구실로 들어가지 못하도록 막으면서, 두 사람 사이에는 찬바람이 돌았다.

브라헤의 죽음은 그 자체로 상당히 의심스러웠는데, 전해 내려오는 이야기에 따르면 케플러가 수은으로 그를 독살했다고 한다. 이 이야기는 추측일 뿐이다. 하지만 브라헤 사망 뒤 케플러가 코페르니쿠스 천문학이 옳다는 것을 증명하기 위해 브라헤가 남긴 모든 데이터를 빼내 독일로 가져갔다는 이야기는 사실로 알려져 있다.

브라헤가 자신의 연구 성과를 모호하게 기록하지 않은 덕분에 케플러는 마침내 코페르니쿠스 모델이 관측 데이터와 일치한다는 것을 밝히는 데 성공했고, 여기서 우리는 한 가지 지식을 바로잡게 된다. 행성은 완벽한 원이 아닌 타원으로 공전하고 있었다.

일단 궤도가 타원이라는 가정을 세우자, 태양 중심설은 모든 면에서 잘 맞아떨어졌다. 이 결과를 놓고 케플러는 상당히 강경한 태도를 취했다. 태양 중심설을 다룬 케플러의 책은 아래에 인용한 문장으로 시작된다.

"바보들을 위한 조언: 천문학을 이해할 수 없을 정도로 어리석거나 코페르니쿠스를 믿기에 신념이 약한 사람이라면, 나는 그 사람에게 집으로 돌아가 밭이나 갈면서 생업에 전념하라고 충고하고 싶다."[7]

천둥과 번개가 너무 두려워요, 갈릴레오[8]

1564년에 태어난 갈릴레오 갈릴레이 Galileo Galilei 는 케플러가 태양 중심설을 발표했을 당시 30대에 접어들었다. 갈릴레오는 케플러 이론을 지지하는 내용의 편지를 써서 비밀리에 케플러에게 보냈다. 편지에서 그는 코페르니쿠스 견해를 선호했으나 그런 이야기를 언급하기가 너무 두려웠다고 털어놓았다.

튀코 브라헤가 사망한 지 8년이 지난 1609년이 되어서야 갈릴레오는 망원경을 만들어 하늘을 들여다보기로 마음먹었다. 아랍권에서 발명되었을 것으로 예상되는 망원경은 갈릴레오가 활동하던 당시에 이미 널리 알려진 관측 도구였다. 갈릴레오는 멀리 있는 물체를 20배 확대하여 볼 수 있도록 기존 망원경 구조를 개선했다.

그 후 수년간 그는 셀 수 없이 많은 대상을 관찰했고, 관찰 사항에는 다음 내용이 포함된다.

1. 달 표면에 솟은 산은 햇빛이 비칠 때만 빛이 나는데, 이는 달이 빛을 생산하기보다 반사하고 있다는 것을 알려준다.
2. 은하수는 젖이 아닌 별로 구성되어 있다.
3. 토성에는 고리가 있으며 갈릴레오는 그것을 '귀'라고 표현했다.
4. 목성에서 발견된 위성 네 개가 지구는 특별하다는 믿음을 무너뜨린다.

그 후 1610년 9월, 갈릴레오는 과학사에서 가장 중요한 발견(여기에 나는 한 치의 과장도 보태지 않았다)을 했다.

달의 위상은 햇빛이 다양한 각도로 달 표면을 비춘 결과다. 이는 호들갑 떨 것 없이 지구 중심설로도 충분히 설명할 수 있다. 그런데 갈릴레오가 지구 중심설로는 설명 불가능한 현상을 발견했다. 금성에도 위상 변화가 있는 것이다.

회전하는 돔형 하늘과 주전원 가설을 전부 동원해도 지구 중심설로는 금성의 위상 변화를 설명할 수 없다. 금성의 위치는 지구 중심설로도 설명할 수 있다. 하지만 금성의 위상을 설명하려면 지구는 태양 주위의 궤도를 공전해야 하며 우리는 시간 흐름에 따라 금성의 빛면과 그림자면이 변화하는 현상을 관찰할 수 있어야 한다. 이를 설명할 수 있는 유일한 이론이 코페르니쿠스 이론이었는데, 어찌 보면 아이러니하게도 이 시점부터 이야기가 갈릴레오에게 불리하게 돌아갔다.

이때까지 교회는 코페르니쿠스를 묵인했다. 그런데 갈릴레오가 코페르니쿠스 이론이 옳다는 것을 증명하면서 상황이 바뀌었다. 로베르토 벨라르미노Robert Bellarmino 추기경은 갈릴레오의 발견에 관하여 다음과 같은 글을 썼다. "태양이 진정으로 움직이지 않으며 지구가 셋째 하늘(성경에서 하늘은 세 개의 층으로 구성되어 있는데, 그중 세 번째 하늘을 말함 - 옮긴이)에 놓여 있는지를 확인하는 행위는 매우 위험하다. 갈릴레오의 가설은 모든 철학자와 학구적인 신학자를 자극할 뿐만 아니라 신앙심을 해치고 성경을 거짓으로 전락시킬 것이다!"[9]

갈릴레오는 친구인 로렌 가문의 크리스티나 공작 부인에게 성경을 문자 그대로 받아들여서는 안 된다고 하면서, 경전은 "하늘이 어떻게 흘러가는지는 가르쳐주지만, 문제를 해결하지는 않는다"라고 설명했다.[10] 심지어 갈릴레오는 로마를 찾아가 교회 당국에 코페르니쿠스 가설의 정당성을 옹호했다. 슬프게도 그의 진술을 들은 종교재판소는 '바보스럽고, 터무니없고, 이단적이며 성경에 모순됨'이라 선언하고 그의 주장을 기각했다. 갈릴레오 편에 증거가 있다는 사실은 중요하지 않았다. 성경은 절대 틀리지 않기 때문에 문자 그대로 해석되어야 했다. 그것이 전부였다.

그 후 어떤 이유에서인지 갈릴레오는 피렌체 지역으로 이주한다는 조금 현명하지 못한 판단을 내렸다. 이전에 바티칸이 통치하지 않은 도시인 파도바에서 일했던 그가 로마 가톨릭교회 직속 통치 대상인 피렌체로 돌아가는 바람에 종교재판에 회부되었다.

종교재판소는 갈릴레오에게 코페르니쿠스 이론을 가르치지 말라고 은밀히 지시하면서, 그 이론을 언급하는 모든 활동을 공개적으로 금지했다. 갈릴레오는 친구 마페오 바르베리니 Maffeo Barberini가 1623년 교황 우르바누스 Urbanus 8세로 선출될 때까지 재판소의 지시에 순종적으로 따랐다. 그리고 친구가 자신을 지지해주기를 바랐으나, 불행하게도 새로운 교황은 종교재판소 결정을 번복하기를 거부했다.

이에 대해 갈릴레오는 소설을 써서 맞대응했다. 그 소설은 주인공이 심플리치오Simplicio(영어로 번역하면 '얼간이Simpleton')라는 이름의 아둔한 자에게 코페르니쿠스 이론을 설명하는 내용이다. 여기서 심플리치오는 교황 우르바누스 8세를 모델로 삼은 등장인물로 실제 교황이 대화 도중 말했던 내용까지 인용되었다. 갈릴레오는 이처럼 공개적으로 성경을 부정했다. 그리고 교황을 모욕했다. 그것도 이탈리아에서, 더군다나 종교재판을 받는 와중에. 여러 면에서 갈릴레오는 역사상 가장 훌륭한 사람이었다. 하지만 가장 어리석은 사람 중 한 명이기도 했다.

종교재판소는 갈릴레오의 소설을 금지하고 그를 종교재판에 회부했는데 이러한 처분에 놀라는 사람은 아무도 없었다. 처음에 갈릴레오는 재판소에 반항했으며 직위를 내려놓으라는 지시도 거부했다. 교회가 고문 장치를 보여주기 전까지는 말이다. 고문 장치를 본 갈릴레오는 태도를 바꾸어 머릿속에 들어찼던 오만함을 비웠다고 고백하면서 용서해달라고 간청했다. 그는 또한 코페르니쿠스 이론을 주장하는 것이 잘못된 행위였음을 인정하면서 죽을 때까지 가택 연금 상태로 머무르라는 지시에 동의했고, 1642년 숨을 거두었다.[11]

그로부터 337년 뒤 교황 요한 바오로 2세는 갈릴레오 재판의 재개를 요청하고 정황을 면밀하게 검토한 뒤에 당시 교회가 사건을 잘못 처리하는 실수를 저질렀다고 인정하는 공식 사과문을 발표했다.[12]

여기서 얻어야 할 중요한 교훈이 하나 있다면, 인식하기 힘들 만큼 미묘한 관찰 결과라 할지라도 확립된 기존 이론과 충돌한 끝에 그 이론을 몰락시킬 수 있다는 점이다. 이는 과학자들과 비과학자들 사이에 종종 갈등을 일으킨다. 소중한 신념에 도전하면서 똑똑한 체하는 인간이 되려는 것처럼 보이기 때문이다. 여기에 반론을 제기하자면, 그토록 쉽게 깨져버리는 신념이라면 애초에 그다지 굳건하지도 않았을 것이다.

다행스럽게도 천문학자들이 오늘날까지 오랜 세월 지켜온 신념을 뒤엎는 새로운 이론을 제시한다 해도, 이제는 법적 소송이나 고문 위협을 당하지 않는다. 그저 분노한 네티즌들로 인터넷이 북적일 뿐······.

행성도 잃고, 추억도 잃고

2006년 국제천문학연맹International Astronomical Union: IAU이 앞으로 명왕성Pluto은 행성이 아니며 '왜행성dwarf planet'으로 분류될 것이라 발표했다. 이 결정의 책임자였던 천문학자 마이크 브라운Mike Brown은 트위터 계정명이 '명왕성 살인마plutokiller'이고, 그의 트위터 대문은 영화 〈스타워즈 에피소드 4 – 새로운 희망Star Wars: Episode IV - A New Hope〉에서 얼데란 행성이 죽음의 별에 파괴당하는 장면으로 장식되었다. 여러분은 분명 이 같은 마이크의 행동을 '트롤링 trolling'(악의적으로 다른 사람을 화나게 하는 행위 – 옮긴이)이라 말할 것이다.

지시받기를 좋아하는 사람은 없다는 점에서, 명왕성을 재분류한다는 결정에 사람들이 분노한 것은 별로 놀랍지 않다. 하지만 오해하지 말자. 민주주의가 곧 사실인 것은 아니므로 여론이 진실을 좌지우지해서는 안 된다(반면 자연은 독재 정권으로, 자연이 자신의 상태를 알려주면 우리는 그것에 따라야 한다). 그런데 단어의 정의가 민주주의를 바탕으로 정해지며 많은 사람이 명왕성을 '행성'이라 부르기를 원한다면, 그렇게 하도록 허용되어야 하지 않을까?

글쎄, 이번 건은 그렇지 않다. 대중은 명왕성을 재분류하려는 IAU의 동기를 오해하고 있다. 실제 IAU는 대중 여론에 귀를 기울이고 있었으며 명왕성 재분류는 '대중이 그렇게 생각함에도 불구하고'가 아닌 '대중을 존중하는 차원에서' 진행되었다.

행성에 내려진 최초의 정의는 '하늘에서 빛나는 다섯 개의 이상한 빛'이었다. 그러다 르네상스 시대가 끝날 무렵 우리는 태양 주위를 도는 여섯 개의 세계가 있으며 그중 하나의 세계 위에 우리가 올라타고 있음을 깨달았다. 그리하여 행성에는 '태양 주위를 도는 물체'라는 더욱 정교하고 의미 있는 정의가 생겼다.

그 후 1781년 윌리엄 허셜 William Herschel 은 이전에 항성이라고 생각했던, 밤하늘에서 희미하게 빛나는 물체 중 하나가 역행하는 현상을 관측하면서 역사상 최초로 행성을 발견한 인물이 되었다. 이제 행성은 일곱 개가 되었다. 수성, 금성, 지구, 화성, 목성, 토성 그리고 조지George. 허셜은 일곱 번째 행성에 조지라는 이름을 붙이며 영국 왕 조지 3세를 기렸으나, 프랑스에서 이를 받아들이지 않고 그리스 신화에 등장하는 하늘의 신 우라노스의 이름을 따서 천왕성으로 재명명했다.

1801년 주세페 피아치Giuseppe Piazzi는 목성과 화성 사이에 숨은 여덟 번째 행성을 발견하고 케레스Ceres라 명명했다. 그리고 몇 달 후 하인리히 올베르스Heinrich Olbers는 케레스와 같은 궤도로 움직이는 다른 행성을 발견하고, 그 행성에 팔라스Pallas라는 이름을 붙였다. 1804년에는 카를 하딩Karl Harding이 행성 주노Juno를 발견했고, 1807년에는 하인리히 올베르스가 행성 베스타Vesta를 발견했으며, 1845년에는 카를 헨케Karl Hencke가 행성 아스트라이아Astraea를 발견했다.

그런데 다음 행성은 망원경이 아닌 방정식으로 발견한 최초의 행성이라는 점에서 차별화된다. 그 행성이 발견되기 수십 년 전에 알렉시 부바르Alexis Bouvard는 천왕성을 정밀하게 측정하다가 천왕성이 완벽한 타원 궤도로 움직이지 않는다는 것을 발견했다. 마치 중력으로 끌어당기는 다른 행성이 주위에 있는 듯 천왕성은 한쪽으로 당겨졌다. 그로부터 수십 년 뒤인 1846년에 요한 갈레Johann Galle가 13번째 행성 해왕성의 존재를 확인한다.

이듬해 카를 헨케가 화성과 목성 사이에 있는 행성 헤베Hebe를 발견하고, 이후 존 하인드John Hind가 행성 이리스Iris를 발견했으며, 그 뒤를 이어 1848년 앤드루 그레이엄Andrew Graham이 행성 메티스Metis를 발견하고, 이듬해에 안니발레 데가스파리스Annibale de Gasparis가 행성 히기에이아Hygeia를 찾았다.

1860년대에 출간한 모든 천문학 서적에는 이 17개의 알려진 행성이 자랑스럽게 수록되었을 것이다. 하지만 망원경 성능이 점차 개선되면서 우리는 화성과 목성 사이를 공전하는 더 많은 행성을 발견하게 되었다.[13] 사실, 그 공간에는 행성 수백 개가 존재한다. 문제는 여기서 발생했다.

'행성'이라는 단어를 생각할 때면 사람들은 거대한 구형의 세계가 외로이 궤도를 따라 움직이는 모습을 상상했으며, 우주에서 일어난 보푸라기 덩어리들이 태양 주위에 느슨한 끈을 형성하는 모습은 떠올리지 않았다. 따라서 우리는 행성이라는 단어의 의미를 '태양 주위를 도는 물체'로 유지하거나, 아니면 사람들이 그 단어를 말하면서 의도하는 내용과 실제 의미를 일치시켜야 했다. 여기서 우리는 후자를 따르기로 결정하고, '소행성asteroid'이라는 단어를 도입하여 화성과 목성 사이의 물체들을 지칭하기로 정했다. 사람들이 말하는 '행성'이라는 단어가 홀로 떨어져 있는 크고 둥근 물체를 의미한다는 이유에서였다. 이제 여러분은 이 이야기가 어느 방향으로 흐를지 알 것이다.

1906년 백만장자 천문학자 퍼시벌 로웰Percival Lowell은 해왕성 다음에 아홉 번째 행성이 있다고 의심했는데, 천왕성과 마찬가지로 해왕성도 불안하게 진동하기 때문이었다. 안타깝게도 로웰은 그가 예측한 행성 X가 발견되기 전에 사망했지만, 로웰 천문대가 그가 하던 일을 이어받았다. 수석 천문학자 베스토 슬라이퍼Vesto Slipher의 지휘 아래 클라이드 톰보Clyde Tombaugh라는 청년이 태양계 바깥쪽을 탐색하는 임무를 맡았고, 1930년 2월 18일 크기가 대략 지구만 한 아홉 번째 행성의 형상을 처음으로 포착했다.

행성 X의 열기가 신문 머리기사를 장식했고, 이 새로운 세계에 어떠한 이름을 붙일지 정하기 위한 국제 대회가 열렸다. 명왕성이라는 이름은 11세 어린이 베네티아 버니Venetia Burney가 제안했으며, 대중 투표를 거쳐 채택되었다.[14] 그런데 1948년 명왕성에 대한 더욱 정확한 측정이 수행되면서 우리는 명왕성 크기를 다소 과대평가했음을 깨달았다. 명왕성은 지구의 10분의 1 정도밖에 되지 않았다. 그다지 인상적인 크기는 아니지만, 어쨌든 이때 예상한 명왕성 크기는 여전히 우리가 행성으로 여기는 범위에 들어올 정도는 되었다.

하지만 사실은 그렇지 않았다. 1978년 우리는 실제 명왕성 질량이 지구 기준으로 600분의 1이며 크기가 달보다 작다는 것을 알아냈다. 이후 1992년 천문학자 제인 루Jane Luu와 데이비드 주이트David Jewitt가 명왕성의 궤적을 따라 떠다니는 다른 물체를 발견하고, 그 물체에 스마일리Smiley라는 별명을 붙였다(공식 명칭은 1992 QB₁).[15] 그리고 2003년 마이크 브라운은 그 근처에서 또 다른 물체를 발견하고 세드나Sedna라 명명했으며 이어서 하우메아Haumea, 오르쿠스Orcus, 마케마케Makemake도 발견했는데, 2005년 추가로 발견한 에리스Eris는 명왕성보다 질량이 27퍼센트 더 컸다.

해왕성 너머로 2,000여 개의 물체가 우주를 유영하고 있음이 밝혀졌고, 명왕성은 그중 하나일 뿐이다. 소행성대는 우리 태양계에 하나가 아니라 두 개 존재한다. 두 번째 소행성대의 이름은 카이퍼 대Kuiper belt이며 이전에 우리가 부딪혔던 문제와 동일한 문제를 다시 불러왔다. 명왕성은 사람들이 행성을 상상할 때 떠올리는 그런 물체가 아닌 뚱뚱한 소행성일 뿐이었다.

우리가 명왕성을 계속 행성이라고 부른다면, 대중은 행성의 의미를 오해할 것이다. 그런데 행성이라는 단어를 다시 정의한다면 태양계 내부에 있는 많은 소행성의 지위는 갑자기 행성으로 올라가고, 우리는 마찬가지로 대중에게서 항의를 받을 것이다. 명왕성이 더 이상 행성이 아니라며 투덜대는 사람들은 없겠지만, '케레스는 진짜 행성이 아니다!'라는 등 다른 불만을 쏟아낼 것이다.

IAU는 행성의 정의가 사람들 마음에 고정되어 있다고 판단했다.

행성이란 ① 태양 주위를 도는 물체이자, ② 중력으로 구를 형성할 수 있을 정도로 무거우며, ③ 공전하는 궤도에 자신 이외에는 아무도 없는, 그 동네의 유일한 주민이다. 처음 두 조건에 해당하는 물체로 케레스, 명왕성, 에리스, 하우메아, 마케마케 등 다섯 개가 왜행성에 속한다.

이 사건은 많은 사람에게서 분노를 자아냈는데, 나는 개인적으로 이들의 분노가 잘못된 대상을 향한다고 생각한다. 내게 천문학을 배우는 아이들은 오히려 명왕성이 행성이 아니어서 다행이라고 생각한다. 이 사건을 계기로 '명왕성은 실수로 인해 잘못 분류되었다'라는 것을 배웠기 때문이다.

명왕성은 강등당한 것이 아니며, 우리는 세상이 실제로 무엇이었는지를 발견했을 뿐이다. 나는 명왕성 재분류 건으로 사람들이 왜 기뻐하지 않았는지 이해한다. 어린 시절의 추억을 지우고 싶지 않은 까닭이다. 하지만 이것도 성장의 일부분이다. 과학은 때론 냉정하다.

이번에는 진짜일까?

2014년 채드윅 트루히요Chadwick Trujillo와 스콧 셰퍼드Scott Sheppard가 평소와 다름없이 카이퍼대 소행성을 측정하다가 무언가를 얼핏 발견했다. 일부 소행성이 예상 각도대로 궤도를 돌지 않고 있었다.

외부에서 태양계를 바라본다고 상상하면서 표현한 태양계 그림이나 모형에서는 대부분 태양의 적도를 관통하는 평평한 면(태양 적도면이라 부름)에 모든 물체가 존재하는 것처럼 묘사된다. 하지만 현실은 그렇지 않다. 태양 주위를 공전하는 물체들은 일반적으로 태양 적도면에서 기울어진 궤도를 따라 움직인다.

행성들 대부분은 그 기울어진 각도가 작지만, 카이퍼대에 도달하면 태양의 영향을 덜 받아 더 크게 기울어진 궤도로 돈다. 그 기울기 정도는 무작위일 것 같았으나 트루히요와 셰퍼드는 예상보다 분명한 패턴으로 공전하는 한 무리의 물체들을 발견했다. 이들 물체는 카이퍼대 너머에 무언가가 있음을 암시한다.[16]

2018년 10월 트루히요와 셰퍼드는 다른 것도 발견했다. 그것은 새로운 왜행성이었으며 핼러윈 즈음 발견했다는 이유로 두 학자는 그 왜행성을 고블린Goblin이라 명명했다.[17] 이전에 발견한 한 무리의 물체들과 마찬가지로 고블린은 거대한 무언가에게 끌어당겨지듯 궤도를 돈다. 이 글을 쓰는 현재 그러한 변칙 현상을 일으키는 주인공이 누구인지는 밝혀지지 않았으나, 결국 우리 태양계에 아홉 번째 행성이 있다는 것이 가장 유력한 해석이다.

이전에 수행한 계산에서 아홉 번째 행성은 지구와 비교해 크기가 10배까지 클 수 있다는 결과가 나왔는데, 이는 상당히 놀라운 결과다. 현재까지 행성 형성에 관해 알려진 바에 따르면, 그만큼 많은 물질이 그토록 먼 곳에서 뭉쳐질 가능성은 거의 없다. 정말 '행성 9'가 존재하고 우리가 생각하는 만큼 크기가 크다면, 인류가 만든 행성 형성 모델이 잘못되었거나 아니면 '행성 9'는 태양계에서 쫓겨난 불량 행성일 것이다.

혹시 이보다 더 극단적인 가설을 알고 싶다면, '행성 9'는 행성이 아닌 훨씬 더 무서운 존재일 수 있다는 가설도 있다. 수십억 년 전 우주가 시작되었을 무렵 지구보다 질량은 다섯 배 무겁지만 크기는 수박만 한 블랙홀이 형성되었는데, 이론물리학자 야쿠프 숄츠Jakub Scholtz 와 제임스 운윈James Unwin 은 카이퍼대를 잡아당기는 물체가 그 원시 블랙홀일지 모른다고 말한다.[18] 엄밀히 말해 숄츠와 운윈이 원시 블랙홀설을 주장하는 것은 아니지만, 현시점에 어떠한 가정도 배제해서는 안 된다는 것이 두 사람의 생각이다.

행성과 블랙홀은 빛을 생성하지 않아 태양 빛을 반사하거나 막는 경우에만 보이므로, '행성 9'가 어떤 존재건 간에 발견하기는 무척 어려울 것이다. 이는 행성이 반짝거리지 않는 이유이기도 하다. 행성이 내는 빛은 우리와 거리가 가까운 경우에 관찰되기 때문에 멀리 떨어져 있는 항성의 빛보다 더욱 강렬하다. 항성의 반짝임은 지구 대기권에서 흐르는 기류에 빛이 반사되면서 일어나는 현상이지만, 가까운 행성의 빛은 대기권에 거의 반사되지 않으므로 반짝이지 않는다.

행성이 멀리 떨어져 있을수록 반사하는 빛은 약해져 우리가 관찰하기 힘들어진다. 무엇보다 우주는 무척 어둡다. 그런데 한 가지는 확실하다. '행성 9'가 무엇이든지 그리고 어디에 있든지, 천왕성보다 크고 어두우며 덜 쾌적할 것이다.

3장

우주의 시작을
찾아가다

사이렌이 울린다

누군가에게 경주용 자동차가 도로를 질주하는 모습을 표현해보라고 하면, 대부분 니이이에에아아오오우우 하는 소리를 낼 것이다. 이런 소리 처음 듣는 척하지 말도록.

음파는 진동하는 물체에서 비롯한 공기의 압축과 팽창이다. 압축된 공기가 서로 멀리 떨어진 경우는 파장이 길다고 하고 우리 뇌는 그 소리를 저음으로 인지하는 반면, 압축된 공기가 가까이 접한 경우는 파장이 짧다고 하며 우리 뇌는 이를 고음으로 인지한다. 여기서 진동하는 물체가 움직이면 상황은 흥미로워진다.

자동차가 앞에 서 있는 여러분을 향해 다가온다고 가정하면, 특유의 음파를 내며 움직이는 자동차가 앞으로 이동하면서 공기 진동이 뭉쳐진다. 이때 여러분의 고막으로 1초당 많은 공기 압축이 도착하면서 여러분은 고음을 듣게 된다.

그런데 여러분이 차 뒤에 서 있다면, 자동차가 멀어지면서 공기 파동의 간격은 점점 벌어지고 여러분 귀는 이를 저음으로 듣는다. 구급차나 소방차가 빠른 속도로 곁을 지나치자 사이렌 음높이가 점점 낮게 들렸던 경험에서 여러분은 이 현상을 발견한다.

이는 '도플러 이동Doppler shift'이라 불리며 모든 파동에서 관찰된다. 빛도 한 지점에서 다른 지점으로 에너지를 전달하는 파동처럼 거동하므로, 물체가 여러분을 향해 가까워지거나 멀어지면 소리가 다르게 들릴 뿐 아니라 외형도 다르게 보인다.

내가 불이 켜진 전구를 여러분을 향해 던진다면, 여러분 눈에 도달하는 빛의 파장은 간격이 약간 좁아지고 여러분은 그 빛을 파란색/보라색을 띠는 '단파장' 빛으로 인식하게 된다. 그리고 여러분이 그 전구를 다시 나에게 던지면, 여러분 눈에 들어오는 빛 파장은 간격이 멀어지며 여러분은 빨간색을 띠는 '장파장' 빛으로 보게 된다.

그런데 음의 높낮이가 분명하게 변하는 것과 달리 빛에서 발생하는 도플러 이동은 아주 미세하고, 여러분의 눈은 그 현상을 감지할 만큼 예민하지 않다. 빛에서 인접한 두 파동 사이의 거리는 100만

분의 1미터로, 물체가 아주 빠르게 움직이지 않는 한 여러분은 빛의 도플러 효과를 알아차리지 못한다. 별과 별 사이를 여행할 정도로 빠른 속도라면 모를까.

적색 불빛이 나는 구역

1912년 베스토 슬라이퍼(앞에서 언급한, 명왕성을 발견한 프로젝트에 참여한 천문학자)는 먼 은하계가 방출하는 빛을 분석하여 그 은하계의 구성 요소를 알아내고 있었다. 그가 주목한 점은, 먼 은하가 방출하는 빛의 성질은 수소 원소와 같은 가벼운 물질이 내는 빛과 일치했으나 그 은하 빛의 색 스펙트럼이 빨간색 영역에 치우쳐 관찰된다는 것이었다. 수소는 우리 은하에서 가장 풍부한 원소이므로 다른 은하에서도 발견되는 것은 이치에 맞다. 그런데 그 빛은 왜 빨간색에 치우쳐 있는 걸까?

오랫동안 이 발견이 무엇을 의미하는지 아무도 이해하지 못했으나 1927년 벨기에의 가톨릭 사제이자 물리학자인 조르주 르메트르Georges Lemaître가 대담한 제안을 했다. 다른 은하가 우리 은하에게서 멀어지는 결과가 빨간빛이라면 어떨까? 우주가 팽창하는 과정에 놓여 있었으며, 먼 은하로부터 오는 빛의 파장이 그런 은하의 움직임에 의해 길어지고 있었다고 볼 수 있지 않을까?

알베르트 아인슈타인Albert Einstein은 르메트르의 논문을 읽고 수학적인 면에서는 깊은 인상을 받았지만 우주가 팽창한다는 생각은 몹시 어리석다고 느꼈다. 물리학계 전설에 따르면 아인슈타인은 르메트르에게 "자네가 한 계산은 옳지만, 물리학은 말도 안 되네"라는 평을 남겼다고 한다.

같은 해 말, 미국 천문학자 에드윈 허블Edwin Hubble은 르메트르보다 훨씬 당혹스러운 관측 결과를 발표했다. 은하가 더 멀리 있을수록 빛 스펙트럼이 빨간색 쪽으로 더욱 치우쳐 나타난다는 것이다. 여기에는 기묘한 의미가 내포되어 있는데, 어떻게 그러한 현상이 발생하는지 자세히 살펴보자.

특정 은하를 관찰한다고 상상하자. 은하 이름은 아널드로, 이 은하가 우리에게서 멀어지는 속도는 100m/s로 관측되었다. 이제 아널드 너머 더욱 먼 우주에서도 은하를 발견했다고 상상하자. 더 먼 은하의 이름은 벨린다이며 마찬가지로 100m/s 속도로 우리에게서 멀어진다. 아널드와 벨린다는 2인승 자전거에 달린 두 개의 바퀴처럼 우리에게서 같은 속도로 멀어지고 있으므로, 이들이 내는 빛 스펙트럼도 같은 정도로 빨간색 영역으로 치우쳐야 한다.

이제 여러분이 아널드에 머무르면서 벨린다를 향해 망원경을 돌린다고 가정하자. 벨린다는 여러분과 같은 속도로 움직이고 있으므로 정지한 듯 보일 것이다. 만약 여러분이 망원경을 다시 돌려 우리 은하를 본다면, 100m/s 속도로 우리 은하가 여러분에게서 멀어지는 모습을 발견할 것이다. 따라서 여러분은 아널드와 벨린다가 우주의 두 중심 은하이며, 다른 모든 은하가 여러분 위치에서 바깥쪽으로 뻗어간다고 결론을 내릴 것이다. 그러나 이런 일은 일어나지 않는다.

허블은 더욱 멀리 떨어져 있는 벨린다가 아널드보다 더 빠르게 우리에게서 멀어지는 현상을 발견했다. 벨린다가 200m/s 속도로 멀어진다고 가정하자. 그러면 아널드에 머무르는 관찰자는 벨린다가 100m/s 속도로 멀어지는 동시에 그와 반대 방향으로 우리 은하가 100m/s로 멀어지는 모습을 관측할 것이다. 즉 모든 것들이 서로에게서 멀어지는 상황이라면, 특정 지점을 기준으로 멀리 떨어져 있을수록 더 빠르게 후퇴하는 것처럼 보인다.

이 같은 적색편이red-shift 현상에는 몇 가지 예외가 있는데, 안드로메다은하는 약한 청색편이blue-shift로 관찰된다(안드로메다은하는 우리 은하와 충돌하는 경로로 이동하고 있으며, 두 은하는 40억 년 후 부딪칠 것이다). 그러나 전체적인 상황은 분명하다. 더 먼 우주에 있는 은하일수록 우리 눈에는 더 빠르게 움직이는 것으로 관측되며, 이는 모든 은하가 다른 모든 은하로부터 멀어지고 있음을 의미한다.

이는 우주가 팽창하고 있을 때 정확하게 관찰되는 현상으로, 아인슈타인은 허블이 관측한 결과를 안 순간 자신이 잘못 판단했음을 인정하고 곧바로 르메트르의 우주 팽창 아이디어를 다른 사람에게도 알리기 시작했다. 그리고 아인슈타인 같은 인물의 지지를 얻음으로써 손해 볼 일은 절대로 없다.

살아 있는 전설

알베르트 아인슈타인에 얽힌 신화는 진실만큼이나 많다. 아인슈타인이 천재라는 사실은 많은 이가 알고 있으나 실제로 그가 어떠한 연구를 했는지 분명하게 말할 수 있는 사람은 많지 않은 까닭에, 그 간극을 메우는 수단으로 신화가 만들어졌기 때문이라 나는 생각한다. 실제로 그는 다양한 연구 활동을 했다.

아인슈타인은 과학계에 여러 업적을 남겼다. 원자가 존재한다는 첫 번째 증거를 발견했고, 초기 양자론을 연구했다(이를 통해 1922년 노벨상을 수상함). 에너지와 질량이 $E=mc^2$로 상호 변환될 수 있음을 알아냈으며, 특수상대성이론의 일부로서 여러분이 우주에서 빠르게 이동할수록 여러분의 시간은 천천히 흐른다는 것을 발견했다.

게다가 아인슈타인은 기계 작동이 전혀 없는 냉장고를 발명하기도 했다. 더욱 흥미진진하게는 조절 가능한 끈이 달려서 불룩 나온

뱃살을 감출 수 있는 남성 셔츠도 발명했다![1]

아인슈타인은 이 많은 업적 중에서 1915년 발표한 일반상대성이론으로 널리 존경받게 된다. 일반상대성이론을 주제로 그가 쓴 책에는 어떻게 이론이 유도되었는지, 그리고 이론에는 어떤 암시가 들어있으며 그것이 의미하는 바는 무엇인지 서술되어 있다. 우리는 이번 장의 목적에 맞추어 일반상대성이론의 기본만 살펴볼 것이다. 그 이론의 모든 수학적 내용을 자세히 알아야 할 필요는 없으며, 나조차도 일반상대성이론 방정식을 완벽하게 이해하지 못하기 때문이다.

먼저 우리가 제대로 짚고 넘어가야 하는 것은, 우리 우주가 얼마나 많은 차원을 가지고 있는가다. 여러분은 높이, 깊이, 폭 등 세 가지 차원으로 물체를 측정하여 모양과 크기를 설명할 수 있다. 그런데 이 3차원 내에 존재했으나, 어떠한 시간에도 존재하지 않았던 물체를 상상해보자. 가령 여러분이 어떠한 시간에도 존재하지 않았다면 결국 존재한 적은 전혀 없는 것이다. 그러므로 시간은 그 자체로 차원으로 생각해야 한다.

우리 우주에는 물리학자들이 '3+1'이라 부르는 차원이 있다. 간단하게 '4'차원이라고는 부르지 않는데, 이는 다른 세 개 차원과 시간 차원이 조금 다르기 때문이다. 그렇지만 모든 차원은 서로 밀접하게 연결되어 있으며, 여러분이 어떻게 공간 차원을 이동하는지는 시간 차원의 흐름에도 영향을 준다.

1910년대에 물리학자들은 네 개 차원 사이에서 그런 연관성을 인식하게 되었고, 그 연관성을 시공간spacetime이라 부르는 우주의 단일 배경 구조에 속한 두 가지 측면으로 언급하기 시작했다(시공간이란 아인슈타인의 영웅 헤르만 민코프스키Hermann Minkowski가 처음으로 쓴 용어다).

일반상대성이론의 핵심 명제는 시공간 물질이 질량과 에너지의 존재로 인해 왜곡된다는 것이다. 아인슈타인은 시공간을 '연체동물mollusc'이라는 특이한 단어로 언급했는데, 시공간이 젤리처럼 물체의 존재에 의해 뒤틀리고 흔들리는 실체라 상상했기 때문이다.[2] 우주의 텅 빈 구역에서 배경 시공간은 어떤 존재에게서도 영향받지 않은 상태지만, 질량이 큰 물질이 근처로 오면 시공간은 구부러지고 휘어진다.

이는 방 전체에 팽팽하게 잡아당겨진 채로 걸려 있는 고무판의 윗면 가운데에 무거운 공이 놓인 상태로 자주 비유된다. 질량이 있는 공이 고무판 표면을 구부리기 때문에, 다른 물체는 그 고무판의 한쪽 끝에서 다른 쪽 끝까지 직선으로 이동하고 싶어도 휘어진 고무판을 따라 기울어져 가게 되며 결국엔 자기도 모르게 고무판 가운데에 놓인 공 쪽으로 흘러가게 된다.

다음은 투박하긴 하지만 시공간의 곡률을 나타낸 그림으로, 3차원 그림보다 그리기도 쉽고 이해도 잘 된다.

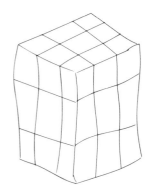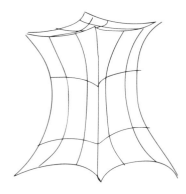

왼쪽 그림은 내부에 에너지와 질량이 없는 비어 있는 시공간을 좌표로 표현한 것이다. 그런데 우리가 이 시공간의 중심에 물체를 놓는다면, 모든 것이 그 물체를 향하여 구부러지면서 오른쪽 그림과 비슷해진다. 오른쪽 그림에서 휘어진 정육면체 윗면은 앞에서 언급한 비유에 등장하는 고무판과 유사한 상태다. 만약 구부러진 시공간 내에서 직선으로 이동하려 한다 해도 여러분은 결국 시공간 중심에 놓인 질량을 향하여 안쪽으로 흘러가게 될 것이다.

물체가 곡면으로 구부러진 시공간을 통과하면 그 물체를 측정하는 환경도 근본적으로 변화한다. 여러분이 탑승한 로켓이 10킬로미터를 날아가기에 충분한 연료를 싣고 발사된다고 상상하자. 로켓이 행성 근처를 지나가게 되면 여러분은 구부러진 시공간을 통과할 것이다. 이때 여러분은 싣고 온 연료로는 9킬로미터밖에 가지 못한다는 걸 알아차리게 된다. 로켓 주위를 둘러싼 공간 차원이 왜곡되었기 때문이다. 행성 곁을 지나가려면 '평평한' 시공간을 여행할 때보다 더 많은 연료가 필요하다.

시공간의 곡률은 질량이 있는 물체들이 서로 끌어당기도록 하는데, 우리는 이러한 힘을 물체 사이의 '중력gravity'이라 부른다. 중력은 본질적으로 시공간 곡률에서 나온 부산물이다. 물체가 클수록 시공간 곡률도 증가하여 더욱 강력한 중력장이 생성된다.

큰 질량 곁에서 시간을 측정할 때도 왜곡이 일어난다. 공간이 휘어지면 시간 또한 휘어지기 때문이다. 이 현상이 여러분의 일상에 영향을 주지는 않지만, 여러분의 머리는 발보다 지구의 질량 중심으로부터 더 멀리 떨어져 있으므로 머리가 발보다 더욱 빠르게 노화한다. 이와 같은 이유로 지구 전체는 한날한시에 생성되었지만 지구 지표면보다 중심부에서 시공간이 더욱 심하게 왜곡되므로, 지표면보다 중심부가 대략 2년 반 더 젊다.

일반상대성이론에 등장하는 수학은 엄청나게 복잡하지만(부록 III 참조), 결과는 쉽고 간결하게 요약할 수 있다. 시공간은 에너지와 질량에 의해 왜곡되고, 에너지와 질량을 가진 물체는 시공간에 영향을 받는다. 물리학자 존 아치볼드 휠러John Archibald Wheeler가 말했듯, "질량은 시공간이 어떻게 구부러져야 하는지 알려주고, 시공간은 질량이 어떻게 움직여야 하는지 알려준다."[3]

휘어진 빛

일단 일반상대성이론에 대한 방정식을 세운 아인슈타인은 자신의 가설을 방정식에 도입하고 검증해야 했다. 이를 위해 그는 자신의 방정식으로부터 도출된 예측 중에서 성능 좋은 망원경이 있다면 충분히 관측 가능한 '중력렌즈 효과gravitational lensing effect'를 검증하기로 방향을 정했다.

질량이 있는 물체는 주위 시공간을 구부리므로 한 줄기 빛은 질량이 있는 물체 곁을 지나갈 때 비어 있는 공간의 곡면을 따라 구부러진다. 게다가 물체 질량이 클수록 빛은 더욱 큰 각도로 구부러지므로, 물체가 어마어마하게 무겁다면 우리는 그 물체 뒤편에 무엇이 있는지도 확인할 수 있을 것이다.

다음 페이지 그림에서, 별이 내뿜는 빛은 위쪽을 향해 계속 직진하려 한다. 하지만 빛이 이동하는 시공간 구조가 거대한 행성의 영향을 받아 휘어지기 때문에 빛은 직선 경로를 벗어나 우리의 시야에 들어오게 된다.

이처럼 예측한 현상이 실제 일어나는지 확인하기 위해, 아인슈타인은 친구 에르빈 프로인틀리히Erwin Freundlich에게 1914년 8월 21일 일식이 발생할 크림반도를 다녀오라고 설득했다. 일식이 일어나는 도중 2분간 망원경으로 직접 태양의 가장자리에 초점을 맞추면, 태

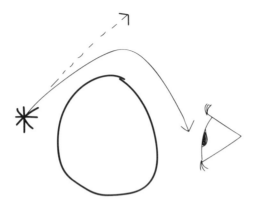

양 뒤쪽에서 항성이 내는 빛이 시공간 곡면을 따라 굽어져 이동하는지 확인할 수 있을 것이다.

프로인틀리히는 실험에 동의했지만 그에게(그리고 전 유럽에) 불행이 찾아왔다. 크림반도로 떠나기 3주 전 테러 단체가 오스트리아의 프란츠 페르디난트 Franz Ferdinand 대공을 암살하면서 제1차 세계대전이 발발한 것이다. 그런데 크림반도 지역과 독일이 전쟁에서 반대 진영에 선 탓에 프로인틀리히는 갑자기 적진에 숨어 있는 꼴이 되었다. 그가 짐 꾸러미에 '비밀스러운 장비'를 실은 스파이라 믿은 병사들은 그를 한 달간 억류했다. 그 비밀 장비는 망원경이었다.[4]

이 상황이 아인슈타인은 몹시 못마땅했다. 서아프리카에서 발생할 다음 일식을 1919년 5월 29일까지 기다려야 했기 때문이다. 영국 천문학자 아서 에딩턴 Arthur Eddington은 정부로부터 병역 면제 허가를 받고 일반상대성이론 검증팀을 꾸렸으며, 일련의 측정을 수행하여 아인슈타인 가설을 검증했다.

이제 일반상대성이론은 완전히 성숙한 이론으로 비탈길을 굴러가는 공부터 스스로 팽창하는 우주처럼 복잡한 대상까지 모든 물체를 기술하는 데 사용할 수 있게 되었다. 앞에서 조르주 르메트르가 우주를 설명할 때도 일반상대성이론에 근거했다.

또 시작이군

적색편이의 발견이 우주가 사방으로 팽창하고 있음을 알려주었지만, 르메트르가 추측하건대 그 발견 내용과 실제 우주는 정반대였다. 관측기구 아스트롤라베를 고안해 지구가 움직이고 별들이 고정되어 있음을 밝힌 알시지처럼, 르메트르는 텅 빈 우주 사이로 은하가 움직이는 것이 아니라 가만히 고정된 은하 사이에서 시공간이 팽창하는 것은 아닌지 의심했다.

르메트르는 시공간이 팽창하는 가상 우주의 형성이 가능한지 따져보았다. 그리고 그 과정에서 시공간이 팽창한다고 가정할 경우 도출되는 답과 우리가 관찰한 결과가 일치한다는 것을 발견했다.

우리가 모든 것을 시간의 역순으로 되돌리면 먼 과거의 어느 시점에 시공간이 하나의 공으로 매듭지어지면서 모든 현실은 한 점으로 쪼그라든다. 이때 시공간은 아주 강하게 응축되어 어떠한 방식으로도 설명할 수 없는 상태가 된다. 이런 우주의 초기 상태를 르메트르는 '원시 원자'라 불렀으며 오늘날에는 우주 특이점 cosmic singularity이라고 한다.[5]

물리학 용어로 특이점은 우리의 지식이 더는 통하지 않는 일련의 상태를 말한다. 따라서 특이점이란 '여기서 무슨 일이 일어나고 있는지 전혀 알지 못한다'라는 문장을 멋있게 표현한 단어다.

르메트르의 가설에 따르면 모든 물질과 에너지, 공간과 시간이 과거에 무한히 밀도가 높고 뜨거우며 작은 점으로 압축되어 있다가 어떠한 이유로 인해 팽창하기 시작했다.

르메트르는 이 특이점이 어디서 왔는지, 처음에 무슨 이유로 팽창하기 시작했는지 알지 못했다. 그는 우주가 팽창하기 시작하자 시공간이 펼쳐지고 물질이 식으면서 우리가 '존재'라 부르는 방식으로 사물이 거동하기 시작했다고 단순하게 결론지었다.

이 결론에 몹시 흥분한 교황 비오 12세는 르메트르의 가설을 공개적으로 칭찬하면서, 그의 가설이 "우주에는 시작이 있었고, 그 시작은 신이 반드시 존재해야 함을 알리는 것"임을 증명했다고 말했다. 이에 마음이 편치 않았던 르메트르는 교황 알현을 요청하고 교황에게 그런 주장은 하지 말아달라 요청했다.[6]

르메트르는 가톨릭 사제였지만 신의 존재를 증명하거나 반증하기 위하여 과학을 이용하고 싶지 않았다. 첫 번째 이유로 그는 신학과 과학 문제 사이에는 분명한 구분이 있어야 한다고 느꼈으며, 두 번째 이유로 자신의 가설이 신의 존재에 관한 주장을 하는 것인지 확신할 수 없었기 때문이다. 르메트르가 일반상대성이론 방정식에서 얻은 답은 우리가 '익숙한 우주'로 인식할 수 있는 우주의 가장 이른 시점을 가리켰다. 그런데 르메트르의 답은 그 시점보다 이전의 특이점 안에 대체 무엇이 있었는지 아무런 언급을 하지 않았다.

과학에서 가장 오해하기 쉬운 이름

르메트르 가설에 가장 크게 반대한 사람 중 한 명이 천문학자 프레드 호일 Fred Hoyle이다. 그는 은하계 적색편이를 대체하는 가설인 정상 상태 가설 steadystate hypothesis을 선호했다.

안정한 상태에서 우주는 언제나 똑같았고 시공간 특성은 항상 동일했다. 시공간이 팽창하는 대신, 새로운 물질이 끊임없이 생성되면서 사물이 서로 멀어지며 발생하는 틈새를 메운다. 우주의 전체 밀도 또한 일정하게 유지되므로 우리는 특이점의 난해한 부분을 다룰 필요가 없다.

호일은 르메트르가 제시한 팽창하는 특이점에 대해 1948년 3월

28일 라디오 인터뷰에서 "케이크에서 파티걸이 폴짝 튀어나오는 것과 같군요"라고 비꼬고, 나중에는 "우주의 모든 물질이 단 한 번의 거대한 폭발Big Bang로 창조되었군요"라며 조롱했다.[7] 거대한 폭발, 즉 빅뱅이라는 이름은 순식간에 모든 사람의 마음에 각인되었으나, 그만큼 쉽게 오해를 불러일으켰다.

우선, 특이점은 크지 않았다. 그리고 무한히 작은 점이었다(이게 중요하다). 게다가 특이점에는 음파가 없어서 완전한 침묵 속에 팽창이 일어났을 것이므로 쾅 하는 소리는 나지 않았다. '빅뱅'이라는 단어는 아주 작은 물질 덩어리가 터져서 텅 빈 주변을 폭발로 채우는 이미지를 떠올리게 하는데, 이는 특이점 팽창을 과소평가하는 것이다. 특이점 팽창은 그보다 훨씬 기이하다.

특이점 팽창이란 폭발로 비어 있는 공간이 채워진다기보다, 엉켜 있던 공간이 풀리면서 스스로 팽창해가며 3+1차원 성질을 띠게 되는 것이다. 게다가 특이점 팽창은 오래전에 일어났던 사건이 아니다. 지금도 일어나고 있다. 우주는 현재 '빅뱅'이 진행 중인 상태이며 우리는 그 안에 있다. 사실상 '특이점 팽창'이 훨씬 적합한 명칭이지만 빅뱅이라는 별칭이 널리 알려지면서 르메트르의 아이디어는 평가절하당했고, 이는 호일을 더욱 기쁘게 했다.

처음에는 빅뱅 가설과 정상 상태 가설 모두 수학적으로 동등했으며 무엇이 옳은지 결정할 방법은 없었다. 그런데 1948년 우주론학자 랠프 앨퍼Ralph Alpher와 로버트 허먼Robert Herman이 두 가설을 구분할 리트머스 시험지를 발견했다.[8]

빅뱅 가설에 따르면, 시공간이 팽창하면서 우주는 냉각되고 자유롭게 떠다니던 입자들이 합쳐져 원자를 형성한다. 이 우주 냉각 과정에서 입자는 파장이 짧은 감마선을 방출하면서 큰 에너지 손실을 입을 것이다.

영겁의 세월을 거쳐 시공간이 팽창하면서 파장도 늘어난 결과, 오늘날 감마선은 장파장의 마이크로파가 되었을 것이다. 따라서 우주 전체는 우주 마이크로파 배경cosmic microwave background: CMB이 가득 채우고 있는데, 이 마이크로파 배경에서 비롯한 특성은 정상 상태 가설에 존재하지 않는다. 따라서 CMB 탐색으로 누구의 가설이 옳은지 가려질 것이다.

안테나 주위로 모여들다

1964년 물리학자 로버트 윌슨Robert Wilson과 아노 펜지어스Arno Penzias는 뉴저지에 설치된 홈델 혼 안테나Holmdel Horn antenna로 실험하고 있었다. 이 장치는 항성이 방출하는 라디오파와 마이크로파를 찾기 위해 세운 높이 6미터의 새로운 장비였다. 처음에 두 과학자는 우리 은하가 내는 라디오파를 분광학적으로 연구하려고 혼 안테나를 사용했으나, 실험에 돌입하자 신호의 배경에서 쉬익 하는 잡음이 끊임없이 감지되었다.

펜지어스는 무엇이 문제를 일으키는지 확인하기 위해 안테나로 갔다가 비둘기 두 마리가 안테나 내부에 집을 지은 현장을 발견했다. 안테나 안에는 펜지어스가 재치 있게 '흰색 물질'이라 표현한 비둘기 똥이 여기저기 쌓여 있었다.

두 과학자는 비둘기들을 새장에 가둔 다음 다른 곳으로 날려 보내고 연구를 지속하려 했다. 그런데 알고 보니 비둘기에게는 귀소본능이 있어서, 어딘가로 날아갔다가도 곧바로 안테나로 되돌아왔다. 이쯤 되자 연구자 가운데 한 명(두 사람은 누가 그랬는지 자백하지 않았다)이 산탄총으로 비둘기를 쏴 죽이는 가장 손쉬운 방법을 써서 상황을 정리했다.[9]

그런데 신호 판독기로 돌아간 두 과학자는 여전히 마이크로파가 감지되고 있음을 발견했다. 그뿐만 아니라 안테나는 하늘의 모든 방향에서 계속 마이크로파를 잡아내고 있었다. 우주 전체는 마이크로파 에너지로 가득 찬 것이 분명했으며, 이 시점에 두 사람은 혼란스러워지기 시작했다(더군다나 비둘기들을 죽일 필요도 없었기에 약간의 죄의식도 느꼈다).

윌슨과 펜지어스는 동료 우주론학자 밥 디키Bob Dicke에게 전화를 걸고 나서야 진실을 알았다. 두 사람은 CMB와 우연히 마주친 것이었다. 이제 빅뱅 가설은 유리한 증거를 확보하게 되었고, 따라서 빅뱅은 '이론' 등급으로 격상되었다.

CMB는 우주의 초기 단계를 연구하는 우주론학자에게 가장 중요한 도구가 되었다. 팽창이 시작된 직후 무슨 일이 일어났는지 보여주는 일종의 마이크로파 사진이기 때문이다. CMB를 관찰할 때면 우리는 빅뱅 용광로 속 플라스마가 마지막 순간 어떠한 모습이었는지를 본다. 여러분은 오래된 CRT 텔레비전으로 CMB를 직접 찾아낼 수 있다. 텔레비전을 비어 있는 채널로 맞추면 보이는 화면의 노이즈는 우주를 떠도는 마이크로파 신호가 뭉쳐진 덩어리인데, 그 노이즈의 약 1퍼센트가 빅뱅의 잔광인 CMB에서 나온다.

이 발견으로 펜지어스와 윌슨은 노벨물리학상을 수상했다. 하지만 우연히 발견한 데다 무엇을 보고 있는지조차 확신하지 못했다는 이유로, 몇몇 사람은 그들에게 노벨상이 과분하다며 불평했다. 나도 그들과 같은 편에 서서 논리적으로 따지고 싶지만, 두 과학자가 가는 길을 막았던 생명체들이 생전에 마지막으로 겪은 일을 떠올리며 입을 다물 작정이다.

2부

우리가 모르는 우주의 모든 것

· 4장 ·

빅뱅의
커다란 문제

세 가지 문제

제대로 받아들여진 이론에 의문을 제기하고 한계를 찾는 행동은 과학을 탐구하는 과정에 필수적이다. 빅뱅은 자신에 유리하고 확실한 증거를 얻으면서 이론으로 받아들여지지만, 이것이 이야기의 끝은 결코 아니며 모든 점을 설명해주지도 않는다.

과학자가 된다는 것은 월계관을 쓴 채 그 자리에 안주할 수 없음을 의미하며, 명예를 차지한 과학자는 곧바로 자기 약점을 방어하는 설명을 내놓아야 한다. 빅뱅 이론은 현재 설명하기 곤란한 세 가지 문제에 직면했다.

1. 지평선 문제

  2. 우주 밖에는 무엇이 있는가?

  3. 무엇이 빅뱅을 일으켰는가?

풍선처럼

우주 마이크로파 배경, 즉 CMB는 여러분이 우주에서 실제로 관찰할 수 있는 것 중 가장 오래되었는데, 38만 년 이전에는 우주가 투명하지 않았기 때문이다. 당시 모든 것은 뜨겁고 빛나는 입자의 수프였으며 그 모습은 마치 불 속과 같았다. CMB를 두고 우리가 관찰할 수 있는 가장 오래된 존재라 말하는 것은 또한 CMB가 가장 멀리 있는 존재라고 말하는 것과 같다. 이는 우주론에서 가장 오래된 존재가 가장 멀리 있는 존재와 같기 때문이다.

빛이 우리에게 도달하는 과정에는 시간이 걸리므로, 멀리 있는 물체를 볼 때 우리는 관찰하는 지금의 모습이 아닌 빛이 떠났을 당시 그대로의 모습을 보게 된다. 따라서 달조차도 실시간으로 관측하는 것은 불가능한데, 달이 '1광초light second'(빛이 1초 동안 나아가는 거리 – 옮긴이)만큼 지구와 떨어져 있으므로 달빛이 지구에 도달하려면 1초가 걸리기 때문이다.

엄밀히 말해 이 현상은 여러분이 일상에서 관찰하는 모든 대상에서 일어나지만, 빛의 이동 시간이 매우 짧아 무시할 수 있는 덕분에 우리는 주위의 모든 사건이 보는 동시에 일어나는 것처럼 행동한다. 그러나 실제로 우리는 찰나의 시간 지연을 거쳐 세상을 인식한다.

CMB 연구는 가능한 가장 초기 시대를 분석하는 방법인데, 그런 식으로 생각하다 보면 우리는 하나의 문제와 마주치게 된다. CMB 안에는 CMB가 생성되던 당시 오르내렸던 온도가 각인되어 있으며, 우주의 모든 곳에서 심지어는 우주 반대편에서도 그 온도가 같다는 것을 우리는 확인했다. 이것이 왜 문제일까? 38만 년은 우주 전체가 식어서 온도가 균일해질 만큼 충분히 긴 시간이 아니기 때문이다.

팽창이 일어난 직후 모든 것은 온도가 걷잡을 수 없이 오르내렸는데, 그중 일부는 다른 것과 비교해 훨씬 뜨거웠을 것이다. 뜨거운 물체와 차가운 물체를 가까이 두면 평균 온도로 수렴하긴 하지만, 뜨거운 물체에서 차가운 물체로 에너지가 이동해야 하므로 온도 수렴에는 시간이 걸린다.

우주의 경우 팽창 당시 열에너지가 한 곳에서 다른 곳으로 이동하기를 끝내지 못했을 것이기 때문에, 전 우주 온도가 균일해지려면 38만 년보다 훨씬 긴 시간이 걸린다. 우주의 양 끝은 각자 관점에서 '지평선 너머'이므로, 우리는 이 문제를 '지평선 문제 horizon problem'라고 이름 지었다.

CMB가 생성된 시점에도 우주 내 온도 차이가 여전히 컸다면, 시간도 충분하지 않은 상황에서 전 우주는 어떻게 평균 온도에 도달할 수 있었을까?

아래 그림에서 수직선은 CMB가 생성된 시점이고, 별표는 138억 년 전 빅뱅 팽창이 시작된 시점을 나타낸다. CMB 형성 시점에 온도가 균일해야 한다는 문제는, 그림에서 원과 점선으로 표기한 아주 이른 시점에 우주가 출발해야 한다는 것과 같다.

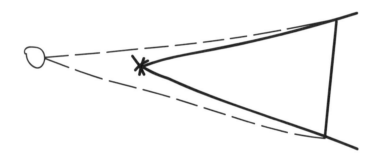

비록 널리 받아들여지지는 않았지만, 이 수수께끼를 대상으로 가장 폭넓게 논의된 가설은 1979년 앨런 구스Alan Guth가 제안한 '급팽창 가설inflation hypothesis'이다. 구스에 따르면 우주 팽창은 위 그림의 원뿔의 선처럼 반듯하게 진행되지 않았으며, 특히 빅뱅이 시작된 시점에 상당히 급박하게 일어났으리라 예상된다.

팽창이 일어나고 첫 1조 분의 1 곱하기 1조 분의 1 곱하기 1조 분의 1초가 지난 순간, 우주에 일어난 변동은 아주 미세하여 한 점에 담길 수 있었으므로 온도는 어디서나 같았다. 큰 냄비에 물을 끓이면 수면에서 거품이 부글부글 끓어오르지만, 골무에 담아 물을 끓이면 격렬하게 끓기에는 물의 양이 너무 적어 상태가 그대로 유지되는 것과 같은 이치다.

빅뱅이 시작되고 아직 우주가 균일한 상황에서 무지막지한 팽창이 급박하게 일어났다면, 온도 변동이 일어날 시간조차 없었을 것이므로 우주 전체는 같은 온도에 도달한다. 따라서 우주의 팽창은 매끈한 원뿔보다는 아래 그림(여기서도 수직선은 CMB 형성 시점이다)처럼 길게 늘어난 종 모양처럼 보일 것이다.

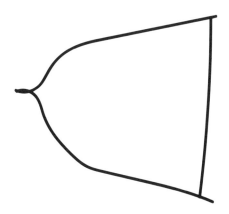

CMB가 생성될 무렵이면 우주의 양 끝은 지평선 너머에 있겠지

만, 급팽창이 일어난 당시 두 끝은 바싹 붙어 있었을 것이다. 이 미스터리한 급팽창 이후, 팽창 속도가 정상 속도로 느려지고 CMB가 생성되어 전 우주에 같은 배경 온도가 기록되었다.

급팽창은 학계에서 받아들여진 이론이 아니며, 가장 거대한 의문, 즉 '급팽창은 무엇이 일으켰으며 왜 멈추었는가?'를 비롯한 온갖 풀리지 않는 궁금증을 남긴다.

2014년 3월 남극에서 BICEP2 망원경을 운용하는 연구팀이 CMB에 기록된 급팽창 시기의 흔적을 발견했다고 판단해 잠시 흥분의 소용돌이가 일어난 사건이 있었다. 하지만 안타깝게도 그들을 제외한 과학계가 자료를 검토하기 시작하면서, 그 발견은 출발점부터 잘못된 것으로 판명되었다. 남극 연구팀이 CMB에서 급팽창의 흔적이라 오인한 것은 우주 먼지였다.[1]

영원의 가장자리

1초 1초마다 우주는 빛의 속도보다 세 배 빠르게 팽창하면서 지름이 수백만 미터씩 길어진다. 시공간 경계 내에서 빛보다 빠른 것은 없지만, 시공간 자체는 원하는 속도만큼 빠르게 늘어나도록 허용된다. 따라서 우주의 '가장자리'에 대한 정의는 여러분의 관점에 따라

달라진다.

멀리 떨어진 은하일수록 우리에게서 빠른 속도로 멀어진다는 허블의 발견을 다시 살펴보면서 시작하자. 멀어질수록 은하계는 더 빠르게 이동하므로, 우리에게서 멀어지는 속도가 우리를 향하는 빛의 속도와 같을 만큼 멀리 떨어진 은하계도 분명 존재할 것이다. 그런 은하계에서 우리를 향해 다가오는 빛은 우리에게 닿지 못하고, 우리는 그 빛을 영원히 보지 못한다.

지구에서 관측 가능한 영역을 의미하는 이 한계선은 허블 지평선Hubble horizon이라 불리며 우리로부터 144억 광년 떨어진 지점에 있다. 이 숫자는 조금 놀랍게 느껴진다. 우주 나이가 138억 년에 불과한데 138억 광년 이상 떨어져 있는 존재가 설마 있을까? 하지만 기억하자. 우주 내부의 어떠한 존재도 그렇게 멀리 이동할 수는 없지만 텅 빈 시공간은 그보다 빠르게 확장할 수 있고, 은하계는 스스로 움직이는 것이 아니며 시공간이 그 은하계들 사이에 존재한다.

우주의 '가장자리'를 연구하는 우주론학자는 우리가 빛의 속도로 지구에서 멀어질 때 가능한 한 가장 먼 지점에 도달할 수 있다고 설명한다. 그런데 광속으로 비행하는 우주선은 현재로선 불가능하지만, 만약 그런 우주선이 있다고 하더라도 영원히 광속으로 이동하기는 불가능하다는 것을 알아야 한다.

먼 은하계를 향해 광속 로켓을 발사한다고 가정하자. 우리를 둘러싼 시공간은 계속해서 팽창하고 은하계는 점점 더 멀어진다. 멀어지는 은하를 추격할 수 있는 가장 빠른 속도가 빛의 속도이지만 시공간이 광속보다 더 빠르게 늘어나므로 우리는 결코 은하를 따라잡지 못한다. 이는 마치 여러분이 뛰어 올라가는 속도보다 더 빠르게 내려가는 에스컬레이터를 타고서는 위층에 도착하지 못하는 것과 같다. 이처럼 우리가 다가가려 해도 따라잡지 못하는 지점을 우주 사건의 지평선 cosmic event horizon이라 부르며, 이 지평선은 우리로부터 160억 광년 떨어져 있다.

여기서 고려해야 할 또 다른 '가장자리'가 있는데, 세 가장자리 중에 단연코 가장 이상야릇하다. 허블 지평선 너머에 존재하는 모든 은하는 빛의 속도보다 더 빠르게 우리에게서 멀어진다. 따라서 그 은하들은 지구에서 보이지 않는다고 가정하는 편이 이치에 맞다. 은하가 방출하는 빛이 우리에게 닿기에는 은하가 너무 빠르게 멀어지니까 말이다. 그런데 시공간이 팽창하고 있으므로 우리의 허블 지평선 또한 확장되고 있다. 그러면 허블 지평선은 우리가 관측할 수 있는 영역 밖에서 출발하여 우리 쪽으로 다가오던 빛을 완전히 포위하게 되는데, 이는 그 빛이 결국 우리를 향해 천천히 다가오게 된다는 것을 의미한다.

물론 허블 지평선이 모든 것을 집어삼키지는 못했으므로 우리는 여전히 특정 한계선까지만 관측할 수 있다. 그 한계선은 입자 지평선_{particle horizon}이라 불리며 지구에서 실제로 관측 가능한 가장 먼 거리를 의미한다. 입자 지평선은 지구에서 460억 광년 떨어져 있고, 따라서 관측 가능한 우주의 현재 지름은 930억 광년이다.

기이한 공간

관측 가능한 우주의 입자 지평선은 지식의 가장자리를 나타내며, 그 가장자리는 점점 팽창한다. 그런데 무언가가 확장한다는 말은 그것이 어떠한 형태를 갖췄음을 암시한다. 우주는 어떤 형태일까?

일반상대성이론에 의해 허용되는 세 가지 가능한 형태가 있는데, 세 가지 형태 모두 다른 규칙을 가지며 우리는 그 허용되는 우주의 형태를 '공간_{space}'이라는 적절한 단어로 표현한다.

가장 간단한 '공간'은 우주가 단순히 더 많은 빈 곳으로 확장되고 있는 것이다. 이 관점에서는 기하학 법칙이 잘 작동하고 우리가 우주의 가장자리에 도달해도 특별한 일이 일어나지 않는다. 단지 더 많은 공간이 있을 뿐이다. 우리는 이 형태를 민코프스키 공간_{Minkowski space}(시공간이라는 용어를 처음 언급한 헤르만 민코프스키의 이름에서 유래)이라 부른다.

아쉽게도 나머지 두 공간은 우리에게 익숙한 3 + 1이 아닌 4 + 1차원으로 존재하는 형태이기 때문에 시각화하거나 그림으로 그리는 것이 불가능하다.

우리의 뇌는 더 높은 공간적 차원을 상상할 수 없지만 그렇다고 해서 우주 공간이 반드시 3차원이어야 한다고 주장할 근거는 없다. 우리는 움직이는 대상을 표현하기 위하여 상하, 좌우, 앞뒤로 구성된 공간 축 세 개를 사용하는데 우리가 보지 못하는 네 번째 축이 존재할 수도 있다. 그러한 축이 어떠한 형태로 보일지 우리로서는 상상할 수 없으나 이론물리학자들은 네 번째 축을 따라 움직이는 대상을 설명하기 위해 '아나ana'와 '카타kata'라는 용어를 종종 사용한다. 그럼, 4+1차원에 대해 좀 더 자세히 살펴보자.

1884년 에드윈 애벗Edwin Abbott이 쓴 풍자소설《플랫랜드Flatland》에서 등장인물들은 모두 2차원 형태로 2+1차원 우주 표면에 산다. 어느 날 주인공(사각형)에게 한 생명체가 찾아왔는데, 곁에서 보기에 아무도 없는 것 같다가 점차 확대되어 원이 되고 나서는 크기가 점점 줄어들다 사라졌다. 이 낯선 생명체는 사각형에게 두려워할 것 없다고 말하면서 자신은 사실 3차원 '구sphere'이지만 2+1차원인 플랫랜드에서 구는 얇게 자른 면이 되므로, 이곳 거주자들에게는 자신의 단면이 보이는 것이라 설명한다.

2차원 사각형은 꿈에서 모든 주민이 하나의 선 위에 늘어서서 사는 1차원 우주를 경험하고, 다음으로 만물의 신인 한 점이 사는 0차원 우주를 방문한다. 이 소설 말미에서는 4, 5차원이 있는지 묻는 2차원 사각형의 질문에 구가 비웃으면서 그런 것은 말이 되지 않는다고 대답한다.

플랫랜드 우주는 2＋1차원인 민코프스키 공간이다. 삼각형 내각의 합은 180도이며 평행선은 절대 만나지 않는다. 그런데 만약 우리가 플랫랜드 표면을 동그랗게 말아 구 형태로 만든다면, 플랫랜드 거주민 관점에 직선으로 이동한다 해도 결국 출발점으로 되돌아올 것이다.

여기서 문제는, 동그랗게 만든 플랫랜드 표면의 곡률이 알아차리기에 너무 작아 거주민들이 3차원 물체의 2차원 표면에서 살게 된다는 점이다. 이는 우리가 지구에서 한 방향으로 계속 걷다 보면 출발점으로 되돌아온다는 사실은 알지만 실제로 관찰하기에는 지구 곡률이 매우 작다는 것과 같은 맥락이다. 그러나 플랫랜드 거주민들이 보다 높은 차원의 존재를 추론할 방법은 여전히 남아 있는데, 굽은 표면의 영향으로 휘어질 만큼 멀리 빛을 쏘고 실제로 그 빛이 어떻게 거동하는지 관찰하면 된다.

우리는 공간이 안으로 휘어진 형태를 네덜란드 수학자 빌럼 드지터 Willem de Sitter 이름을 따서 '드지터 공간 de Sitter space'이라 부르며, 상상하건대 우리 우주는 그보다 차원이 높을 것이다. 드지터 공간에서 우리 3차원 우주는 4차원 초구 hyper-sphere의 '표면'으로 간주되는데,

만약 초구의 크기가 커지면 그것의 표면인 우리 3차원 우주도 커질 것이다. 그리고 우리가 시공간을 보는 관점에 우주는 명확한 가장자리가 없지만, 초구의 바깥에서 우리를 '카타'로 관측하는 4+1차원 존재의 관점에는 가장자리가 있을 것이다.

만약 우리 우주가 드지터 공간에 존재한다면, 우주는 무한하지 않을 것이며 우리가 일직선으로 이동한다 해도 결국 출발점으로 돌아올 것이다. 또 빛줄기 두 개가 평행선을 그리며 충분히 긴 시간을 이동하게 된다면 시공간 내에 차원이 더 높은 곡면을 따라가다가 두 빛줄기는 결국 만날 것이다. 인간은 이런 공간을 상상할 수 없지만, 방정식으로 4+1차원 우주가 어떻게 거동하는지 설명하기는 어렵지 않으며 그 결괏값은 우리 우주와 거의 같다.

세 번째 플랫랜드가 아마도 가장 기이한 형태일 텐데, 우리는 플랫랜드를 말 안장 모양처럼 구부릴 수 있다. 이는 반反 드지터 공간anti de Sitter space이라 불리며 평평한 민코프스키 공간과 마찬가지로 무한하다.

반 드지터 공간은 거주민 입장에서 돋보기 안에 사는 것처럼 보일 것이다. 가령 여러분이 돋보기를 통해 무언가를 들여다본다면, 렌즈 중심에서는 관찰 대상 형태가 똑바로 보이지만 렌즈 가장자리에서는 돋보기 테를 따라 찌그러지고 일그러져 보인다.

따라서 여러분이 반 드지터 거주민들을 만나러 떠날 때까지, 거주민들에게 시공간의 먼 가장자리는 찌그러져 보일 것이다. 그러다가 여러분이 반 드지터 공간에 도착하면 왜곡되어 보이던 여러분의 모습은 갑자기 올바른 비율로 조정될 것이며(돋보기를 다른 위치로 옮겼을 때처럼), 도착한 여러분이 과거에 서 있었던 곳을 어깨 너머로 돌아보면 왜곡되어 보일 것이다.

다음은 우리에게 가능한 세 가지 공간을 요약한 표다.

시공간	플랫랜드는 해당 시공간에서 ○○의 2차원 표면이다	우리 우주는 해당 시공간에서 ○○의 3차원 표면이다	특징
안으로 휘어짐 (드지터)	구	초구	· 유한함 · 일직선으로 걷다 보면 출발점으로 되돌아옴
평평함 (민코프스키)	평면	해당 없음	· 무한함 · 평행선이 영원히 만나지 않음
바깥으로 휘어짐 (반 드지터)	말안장	초말안장	· 무한함 · 평행선이 벌어짐

현재 인류는 우리 우주가 어떠한 공간의 3차원 표면인지 알지 못한다. 지금까지 우리가 장기간 수행한 연구 결과를 검토하면 민코프스키 공간처럼 보이지만(이 형태가 가장 다루기 쉬우므로 우리에게는 바람

직하다), 이를 확신할 만큼 정밀한 실험을 충분히 하지 못했다.

이 모든 것은 어디에서 왔을까?

우주가 어떤 형태인지에 상관없이 의문은 여전히 남는다. 우리 우주가 팽창해가는 이 높은 공간적 차원 안에는 무엇이 존재하는 걸까?

유감이지만, 가장 짧고 간단하고 정직한 답으로는 궁금증을 조금도 해소하지 못한다. 우리는 그저 아무것도 모른다. 우주 특이점은 우리가 묘사할 수 있는 그 어떤 대상과 비교해도 뚜렷하게 다르기 때문에(정의에 따르면 특이점은 우리가 이해할 수 있는 범위를 넘어선다), 우리가 알맞은 단어를 가져다 쓴다고 할지라도 우주 바깥에 대해 충분히 표현하기는 힘들다.

시간은 우주 차원에 필수적인 부분이므로, 우리가 우주가 아닌 장소를 이야기한다면 그것은 시간이 존재하지 않는 장소를 이야기하는 것과 마찬가지다. 우주 밖으로 나가거나 특이점보다 더 이전으로 돌아가기는 아마도 불가능할 것이며, 이는 우주 밖 공간이나 특이점보다 더 과거인 시점에 아무것도 존재하지 않기 때문이다.

인류 역사 대부분의 시간 동안 우리는 이러한 질문에 은유적인 신화를 창조하여 답을 제시해야 했다. 고대 그리스 시인 오르페우스가 쓴 창조 신화(창작 시기 미상)에서 시간의 신 크로노스는 다른 모든 신과 우주가 샘솟는 알을 낳는다. 오르페우스는 크로노스(시간)가 어디에서 왔는지를 묻는 불편한 질문을 교묘하게 피한다.

유안劉安이 쓴 중국 철학서 《회남자淮南子》(기원전 139년 이전)는 특징 없이 비어 있는 공간에서 시작한다. 상하, 좌우, 앞뒤가 전부 같고 흐릿한 환경에서 이런 공허함과 모순되는 생명의 근본인 기氣가 태어나 나머지 현실을 구현한다. 이 책의 저자도 그런 일이 어떻게 일어났는지 자세히 언급하지 않고 건너뛴다.

이론물리학도 같은 문제에 부딪힌다. 138억 년 전에 빅뱅이 시작되면서 시공간이 형성되었는데, 그 이전에는 시공간이 없었으며 시간 역시 존재하지 않았다. 사실 방금 내가 작성한 문장을 엄밀히 따진다면 말이 되지 않는다. 우주가 '시작했다started'는 표현은 그곳에 시간이 흐르고 있었음을 의미한다. 하지만 당시에는 시간이 존재하지 않았다. 지금 당장도 나는 '있었다was'거나 '없었다wasn't'는 말을 쓰면 안 되는데, 그런 과거 시제를 써버리면 특이점이 시간 속 어느 특정 시점에 놓여 있었음을 암시하기 때문이다. 그러나 특이점은 그렇지 않았다, 으아아악!

우리가 특이점에 도달하는 순간 붕괴되는 것은 인간이 세운 방정식만이 아니다. 인류가 쓰는 언어 또한 와해된다. 시공간은 특이점과 직접적인 관련이 없으므로, 우리는 특이점에 도달할 때 어떤 일이 일어날지 분명하게 말할 수 없다. 우주가 시작하는 상황을 묘사한 전례는 없고, 현재에도 미래에도 그런 일이 일어날 가능성은 없으며, 묘사해야 하는 마땅한 이유도 묘사를 통해 얻을 수 있는 효과도 없는 데다, 그 상황을 표현할 단어도 없다.

우주가 어디에서 왔는지, 무엇이 우주를 발생시켰는지 묻는 행동은 알파벳에서 A보다 먼저 어떤 글자가 오는지 묻는 것과 같다. 여러분은 새로운 글자를 발명하거나, A 앞에 글자가 없다고 결론짓거나, 아니면 A에서 어떻게든 Z로 되돌아간다고 주장해야 한다. 우리가 자신 있게 할 수 있는 이야기는, 현재 우주가 있으며 우리로서 설명 가능한 가장 이른 시점이 과거에 있었다는 것뿐이다. 여기서 더 나아간다면, 그곳은 과학의 영역이 아니다.

우주의 시작을 다루는 분야는 어쩌면 과학을 배제해야만 할지 모른다. 결국 과학은 자연 세계를 다루는 학문이기에, 자연이 어떻게 시작되었는지를 묻는 문제는 초자연적인 답을 구하면서 가장 적절하게 다뤄질 것이다. 그러한 질문들은 물리학인 동시에 철학일 수 있다.

스티븐 호킹 Stephen Hawking 은 특이점 '이전' 따위는 존재하지 않았기 때문에 인과법칙이 적용되지 않으며, 따라서 우주의 '원인'이 무엇이었는지는 설명할 필요가 없다고 주장했다. 이 논쟁에서 호킹의 반대 진영에는 철학자이자 기독교 신학자인 윌리엄 레인 크레이그_{William Lane Craig} 같은 사람들이 있는데, 그들은 시간이 우주에서 시작되었다면 시간 자체에 초월적 원인이 있었으리라 주장한다. 그리고 그 초월적 원인이 창조주 신이 존재한다는 증거라고 크레이그는 믿는다.

초자연적 창조주로 우주를 설명하는 방식이 바람직한지, 그렇지 않은지를 정하는 일은 여러분에게 맡기겠다. 과학은 창조주의 존재를 증명하지도 반증하지도 않는다. 내가 하려는 말은, '왜 무無의 상태가 아니며 무언가가 존재하는 것일까?'라는 질문이 우리가 던질 수 있는 가장 심오하고도 중요한 질문이라는 점이다. 우리는 이 궁금증에 관해 지나치게 신중하게 접근하기보다는 온갖 수단을 동원하여 어느 하나도 빼놓지 말고 계속 탐구해야 한다. 시간을 들여 궁리하지 않은 상태에서 신에 관한 생각을 받아들이거나 무시하는 것은 대단히 현명하지 않은 태도다.

5장

아인슈타인은
실수하지 않았어!?

알려지지 않은 원소

우리는 우주에 대해 많은 것을 알지만, 어찌 보면 전혀 그렇지 않다. 우주 대부분은 우리가 놓치고 있거나 완벽하게 숨겨져 있으며, 우리가 관찰하는 대상은 실제로 존재하는 것들의 일부다.

현대 천체물리학자들이 직면한 가장 거대한 문제 가운데 하나는 '우주 리튬 문제cosmological lithium problem'라 불리며 다음과 같은 내용이다. 빅뱅 이론이 맞다면 최초로 생성된 원자는 아마도 수소, 중수소, 헬륨-3, 헬륨-4 등 가장 작은 원자였을 것이다. 우리는 각 원소가 오늘날에 얼마나 많이 존재해야 하는지 계산할 수 있으며, 실제로 계산해보면 그 결괏값이 우리가 예상한 수치에 가까울 뿐 아니라 정확하게 맞아떨어진다는 것을 알게 된다.

그런데 리튬-7의 양에 있어서는 예측값과 관측값 사이에 엄청난 차이가 있다. 현재 빅뱅 이론에서 예측한 리튬-7 값은 우리가 실제 관측한 값보다 세 배 많으며, 이 글을 쓰는 현재 그 리튬이 어디로 갔는지 설명할 수 있는 사람은 아무도 없다.

다양한 증거들이 깜짝 놀랄 만큼 정확하게 빅뱅 이론을 뒷받침하기 때문에 리튬 문제가 빅뱅 이론을 폐기해야 함을 의미하지는 않는다. 하지만 우리가 아직 해결해야 할 사항이 많음을 상기시킨다는 측면에서 이 문제는 중요하다.

편향

현재 우리가 우주를 이해하는 과정에서 직면하는 또 다른 문제는 우주가 물질로 이루어져 있다는 특이한 사실이다. 나는 지금 여러분이 무슨 생각을 하는지 안다. '에이, 그럼 우주는 무엇으로 이루어져야 하는 건데? 유니콘의 눈물? 아니면 요정의 콧물?'

여기서 말하는 문제는, 입자물리학 법칙을 인정한다면 우주는 지금 존재하는 규모보다 두 배 크거나, 아니면 다른 관점에서 우주가 전혀 존재하지 않아야 한다는 점이다.

　자연에서 발견되는 가장 풍부한 입자이자 원자 궤도를 도는 입자인 전자를 살펴보자. 전자는 음전하를 띠지만 핵폭발이나 방사성 붕괴 같은 극단적인 조건에서는 양전하를 띤 전자도 생성된다. 우리는 음전자를 '일반 물질regular matter', 양전자를 '반물질antimatter'이라 부른다.

　쌍둥이 반물질이 있는 입자는 전자만이 아니다. 전자, 양성자, 중성자 등 여러분 몸을 구성하는 모든 입자는 일반 물질 입자이지만, 이들 모두에는 대응 관계에 놓인 반물질이 있으며 우리는 실험실에서 반물질 입자를 합성할 수 있다. 잘 이해되지 않는 것은, 일반 물질은 무척 흔하지만 반물질은 드물다는 사실이다.

　반물질은 일반 물질과 만나면 소멸하면서 빛을 구성하는 중성 입자인 광자와 에너지로 전환되기 때문에 반물질 상태로 오래 지속되지 못한다. (주의: 여러분은 그때그때 기분에 따라 빛이 파동이라 말해도, 입자라 말해도 괜찮다. 물리학이란 그런 것이다.)

　그런 이유로 반물질 보존은 까다롭다. 근처 어딘가로부터 일반 물질(세계 대부분을 구성하는 입자) 전자가 휙 날아와 반물질과 만나면 순식간에 사라지기 때문이다.

　이와 반대인 상황도 발생한다. 빛은 자발적으로 반으로 나뉘어 전자와 반전자(양전하를 띤 전자, 다른 말로 양전자positron)가 될 수 있는데,

이들은 재빠르게 서로를 끌어당겨 다시 빛으로 돌아간다. 아래 그림은 페이지를 가로질러 이동하는 빛이 쪼개져 전자와 반전자가 되었다가, 이들이 부메랑처럼 되돌아와서 다시 만나 일반적인 빛이 되는 과정을 보여준다.

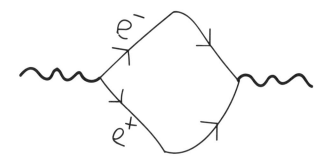

그런데 여기에 문제가 있다. 팽창이 시작된 직후 초기 우주는 모든 것이 빛으로 이루어져 있었다. 그 빛이 일반 물질 입자로 변하려면 그와 동시에 반드시 반물질 입자도 생성되어야 하는데, 그렇게 생성된 반물질은 전부 일반 물질과 다시 결합하게 된다.

물질로만 만들어진 우주는 생성되는 동시에 반물질 세계도 만들어져 소멸하는 까닭에 존재 불가능하다. 우주가 빛으로 구성되어 있어야 함에도 그렇지 않은 것은, 모든 반물질이 사라지면서 우주가 다소 편향된 상태에 놓였기 때문이다. 반물질은 어디로 갔을까? 우리는 전혀 알지 못한다.

우리는 너무 빠르게 움직이고 있다

은하가 회전하는 이유는 위성이 행성을 중심으로 공전하고, 행성이 항성을 중심으로 공전하는 이유와 같다. 질량이 있는 두 물체는 서로를 끌어당기는데, 상대적으로 무거운 물체가 가운데에 자리 잡으면 그보다 가벼운 물체가 무거운 물체 바깥쪽을 돌도록 배열된다(엄밀히 말해 무거운 물체도 완벽하게 고정되지 않으며 조금씩 회전한다).

아인슈타인의 일반상대성이론 방정식은 이러한 궤도 체계가 어떤 모습인지 기술한다. 내용은 간단하다. 무거운 물체일수록 궤도에 머무르려면 더 빠르게 움직여야 한다. 만일 행성의 운동 속도가 느려진다면, 항성에서 비롯한 중력의 영향으로 두 물체 사이의 거리가 점점 가까워지다가 행성은 항성에 먹힐 것이다.

은하계도 마찬가지다. 무거운 은하일수록 중심의 블랙홀(다음 장 참조)로 빨려가지 않으려면 빠른 속도로 회전해야 한다. 이는 쥐가 하수구로 빨려 들어가지 않으려고 필사적으로 허우적대는 것과 같다. 요약하면, 무거운 은하는 빠르게 회전하고 가벼운 은하는 천천히 회전한다.

1933년 스위스 천문학자 프리츠 츠비키 Fritz Zwicky 는 은하단의 회전을 연구하다가 이상한 점을 발견했다. 대부분의 은하가 겉보기보다 더 무거운 듯, 그들이 포함하는 항성의 규모와 비교해 너무 빠르게 회전하는 것이다. 츠비키는 빛을 방출하지 않아 찾기 어려운 실체가 은하에 포함된 것은 아닌지 의문을 품었고, 그것에 창의력을 발휘하여 암흑물질 dark matter이라는 이름을 붙였다.

츠비키의 암흑물질은 학계에서 진지하게 받아들여졌지만, 은하에 무슨 일이 일어나는지에 대한 다른 관점의 설명도 많았다. 은하계에 예상보다 성운이 더 많을 수도 있었고, 아니면 항성마다 무거운 행성들이 포진해 있는 것처럼 간단할 수도 있었다. 이때까지 은하 회전은 잠도 설칠 만큼 걱정할 일은 아니었다.

그런데 1976년 천문학자 베라 루빈 Vera Rubin의 발견으로 판도가 뒤집혔다. 은하는 그냥 빠르게 회전하는 게 아니라, 너무 너무 너무 빠르게 회전하고 있다. 또 행성과 성운은 일반상대성이론 예측값과 비교하면 실제 속도와 차이가 크지 않지만, 은하는 대부분 우리가 가능하다고 생각한 속도보다 6~8배 더 빠르게 회전한다는 것도 밝혀졌다. 이는 대수롭지 않은 계산 오차가 아닌 큰 문제였다.

루빈의 발견 이후, 은하의 지나치게 빠른 회전에 관한 다양한 설명 가운데 두 가지만 남게 되었다. 하나는 아인슈타인 방정식이 틀렸다는 설명이고, 다른 하나는 정말로 우주를 가득 채운 신비한 물질이 인류의 탐지 기술이 미치지 못하는 곳에 숨어 있다는 설명이다.

아인슈타인이 틀린 걸까?

일부 물리학자는 암흑물질 논쟁에서 아인슈타인의 방정식이 틀렸다고 주장했다. 이는 상당히 편리한 대응 방식이다. 우주가 새로운 실체로 가득 차 있다고 주장하려면 용기가 필요하므로, '그게 아마 틀렸을 거야'라고 간단하게 대답하는 것이다.

한편으로 일반상대성이론이 틀렸다는 주장은 무척 자극적이다. 일반상대성이론은 중력렌즈뿐만 아니라 은하 형성, 우주 마이크로파 배경, 행성이 항성을 공전하는 방식, GPS 위성 작동, 블랙홀과 중력파 예측 등으로 여러 차례 시험대에 올랐으나 항상 확실한 결과를 도출했다.

일반상대성이론이 공격을 받은 것은 이번이 처음은 아니다. 수십 년 동안, 우주에 존재하는 일반 물질(반물질이나 암흑물질이 아닌)의 양은 존재해야 한다고 예상되는 양의 절반에 불과한 것 같았다. 일반상대성이론이 예측한 양성자와 중성자, 합쳐서 중입자baryon의 양이 우리가 실제로 관측하는 양의 두 배였다.

그런데 사라진 중입자가 2018년에 발견되었고, 일반상대성이론이 예측한 양은 정확했다.[1] 중입자들은 수백 광년 길이의 거대한 다리에 숨어서 마치 우주 인터넷처럼 은하들 사이를 연결하는 것으로 밝혀졌다. 우리는 은하 내부가 아닌 은하 사이의 공간을 실제로 들여다볼 생각을 해본 적이 없었기 때문에 중입자들을 보지 못했다. 일반상대성이론에는 의문의 여지가 없으며, 우리가 도전할 때마다 일반상대성이론은 승리했다.

암흑물질을 뒷받침하는 다른 중요한 발견에는 이른바 '총알 은하단Bullet Cluster'이 있다. 최근 우리는 카리나Carina 별자리 방향에서 은하단 두 개가 충돌한다는 놀라운 사실을 발견했다. 은하 두 개가 아니라, 은하단 두 개다. 두 은하단의 공식 명칭은 1E 0657-558이지만, '총알 은하단'이 더 멋있게 들린다.

거대한 두 은하단은 우주 한가운데에서 혼합되면서 항성 및 행성과 같은 방식으로 공통 질량 중심 주위를 돈다. 그런데 총알 은하단에서 흥미로운 점은, 두 은하단이 공전하는 질량 중심이 예상 지점 근처 어디에도 없다는 것이다.

항성을 토대로 질량 중심을 계산하면 실제와 크게 다른 질량 중심 위치를 얻게 되므로, 공전 궤도를 벗어나게 하는 추가 물질이 이들 은하단에 숨겨져 있다는 설명이 유일하게 합리적으로 보인다.

암흑물질을 제외하고 총알 은하단을 설명하려면 일반상대성이론뿐 아니라 질량과 중력 개념도 다시 연구해야 한다. 물론 일반상대성이론과 질량과 중력을 부정해서는 안 된다는 이유는 없다. 의심해서는 안 되는 이론이란 없다. 하지만 천문학자 대다수는 츠비키와 루빈을 지지한다. 그들은 암흑물질이 실제로 존재한다고 가정한다.

그럼, 암흑물질이란 무엇일까?

인류가 암흑물질에 관해 아는 것은 두 가지뿐이다. 첫째, 물질이다. 둘째, 어둡다.

암흑물질이 가시광선과 상호작용하지 않는다는 것은 측정에 사용되는 평범한 기술 범위에서 그 물질이 벗어남을 의미한다. 따라서 암흑물질에 존재하며 우리가 아는 성질인 질량만을 토대로 측정할 수밖에 없다.

현재 우리가 아는 입자의 종류는 다양하다. 전자, 중성미자, 뮤온muon, 타우온tauon, 쿼크quark, 광자, 글루온gluon, 약한 보손weak boson, 힉스 등 다양한 입자가 있으며, 이들 모두 전하, 질량, 자기장, 스핀 등 다채로운 성질을 지닌다.

정말 놀라운 점은, 지금까지 발견한 모든 입자에 공통점이 있다는 것이다. 이들 입자는 매우 매우 가볍다. 특히 광자는 문자 그대로 가볍다light('light'가 '빛', '가볍다'를 뜻하는 것을 이용한 말장난 – 옮긴이).

우리가 아는 가장 가벼운 입자는 광자와 글루온으로 둘 다 질량이 없다. 다음은 중성미자, 그다음은 전자이며 질량 순으로 나열하다 보면 가장 무겁다고 알려진 입자, 꼭대기 쿼크top quark에 도달한다.

우리는 일반적으로 입자 질량을 eVs(본래 이 단위는 '전자 볼트electron volts'를 의미하지만, 여기서는 전기와 아무런 관련이 없다)라는 단위로 표현한다. 킬로그램은 단위가 너무 커서 알아보기 힘든 숫자로 표기되기 때문이다. 꼭대기 쿼크는 질량을 킬로그램 단위로 나타내도 0.000000000000000000000031킬로그램일 정도로 무겁다.

그런데 가설에서 도출된 가장 무거운 입자는 현실과 이야기가 다르다. 물리학 법칙에 따르면 입자 질량은 최대 0.02밀리그램까지 허용되는데, 이 질량은 물리학자 막스 플랑크Max Planck의 이름에서 유래한 명칭인 플랑크 질량Planck mass으로 불린다. 우주에 속도 제한(빛의 속도)이 있는 것과 마찬가지로, 입자에도 질량 제한이 있다.

플랑크 질량은 모래 한 알과 맞먹는다. 무거운 인간의 관점에서 볼 때 그다지 인상적이지 않지만, 알려진 다른 모든 입자 질량보다 플랑크 질량이 얼마나 무거운지 비교해보면 차원이 다르다.

이런 관점에서 따져보면, 우리가 우주에 있는 모든 입자를 발견한 것 같지는 않다. 어딘가에 빛과 상호작용하지는 않지만 질량이 상당히 무거운 입자가 있다고 추측하는 편이 안전하다. 혹은, 무거운 입자들이 우주에 많이 떠다니고 있다면 그 입자들은 은하계 내부에서 뭉쳐진 덩어리 상태로 관찰될 것이며 그 덩어리들은 입자 본래 질량보다 더 무거워 보일 것이다.

유럽핵입자물리연구소_{CERN}가 보유한 거대 강입자 충돌기 _{Large Hadron Collider: LHC}가 2009년 가동을 시작하면서 암흑물질 입자를 찾아 나섰지만, 이 글을 쓰는 현재까지 아무것도 찾지 못했다. 어쩌면 LHC는 암흑물질이 스스로 존재를 드러내도록 자극할 만큼 충분히 크지 않을 수도 있다(일반적으로 무거운 입자일수록 탐지하는 데 더 큰 에너지가 필요하다).

그런 까닭에 CERN은 지름 100킬로미터로 LHC보다 크기가 네 배 큰 입자 검출기를 세우려 한다. 이 거대한 장치의 현재 이름은 차세대 거대 입자 충돌기 _{Future Circular Collider: FCC}이며, 이것으로 암흑물질이 몸을 숨길 날은 얼마 남지 않았는지 모른다.

크나큰 실수

아인슈타인이 일반상대성이론 방정식을 고안할 당시에 난제가 하나 있었다. 처음에 그 방정식은 우주가 수축되어야 한다고 예측했다. 중력이 물질을 끌어당겨 모든 것을 하나의 공으로 뭉쳐지게 하기 때문에 우주 생성은 불가능하다. 하지만 우주 존재가 불가능하지 않다는 근거는 확실하므로 아인슈타인은 이론을 근거에 맞게 수정해야 했다.

그는 우주 상수cosmological constant라 부르는 '반중력anti-gravity'을 방정식에 집어넣기로 마음먹었다. 비록 관측된 적은 없지만, 중력에 대항하여 우주의 균형을 유지하는 힘을 반중력이라 가정했다.

하지만 우주가 이미 팽창(정상 상태 가설 혹은 빅뱅 이론에 의해)하고 있으며 수축되지 않는다는 것을 안 아인슈타인은 우주 상수를 폐기했다. 그의 친구 조지 가모George Gamow에 따르면 아인슈타인은 우주 상수 도입을 일생일대의 실수로 언급했다고 한다.[2]

그 후 사람들은 반중력을 잊었다. 하지만 1998년 캘리포니아에서 솔 펄머터Saul Perlmutter와 애덤 리스Adam Riess가 각각 이끄는 두 연구팀이 특정 초신성의 거동을 연구하는 중에 반중력 현상을 발견한 이후, 아인슈타인이 큰 실수를 저지른 것은 아니었음이 밝혀졌다.[3]

초신성은 거대 항성이 극단적인 환경에서 죽음을 맞이하는 경우 발생한다. 우리는 작은 항성이 쪼그라들어 그 중심부가 압력을 받은 끝에 서서히 팽창하고 분해되어 성운이 되는 과정을 이미 살펴보았다. 이것과 초신성이 탄생하는 과정은 꽤 유사하다.

거대 항성의 외부층은 작은 항성과 같은 방식으로 수축한다. 하지만 거대 항성은 수축 속도가 몹시 빠른 까닭에 내핵이 튕겨 나오고 외부층이 폭발하면서 산산조각 나는데, 이러한 폭발로 우리 태양이 100억 년간 생산하는 양과 같은 에너지가 몇 분 만에 방출된다.

거대 항성의 죽음에는 몇 가지 경로가 있다. 1형 초신성은 한 항성이 가까운 이웃 항성에서 나오는 물질을 흡수한 결과다. 이웃 항성이 내뿜는 플라스마를 빨아당기면서 점점 무거워진 항성은 자신의 핵으로 무게를 지탱할 수 없는 상황에 이르면 붕괴한다. 2형 초신성은 단순하게 무게가 많이 나가는 항성이 맞이하는 결과로, 핵에 연료가 고갈되면 외부 표면이 내부로 빨려 들어가면서 항성은 파멸한다.

초신성은 잘 알려진 현상으로 인류는 오랜 세월 초신성을 관찰해왔다. 최초 기록은 5세기 중국 역사가 범엽范曄이 서기 185년에 발생한 의문의 사건을 말한 것으로, 당시 중국 천문학자가 켄타우루스Centaurus자리와 컴퍼스Circinus자리 사이에서 새로운 별이 나타나는 모습을 보았다고 한다. 그 '손님 별'은 대낮에 볼 수 있을 정도로 밝았으며 8개월 동안 하늘에 머물렀다. 오늘날 우리는 그때 중국인들이 초신성 SN 185가 86조 킬로미터 밖에서 폭발하는 장면을 목격했다는 것을 안다.

초신성은 언제나 같은 방식으로 생성되고 같은 양의 빛을 방출하므로, 우리는 특정 물체가 얼마나 멀리 떨어져 있는지 알아내는 과정에 초신성 광도를 참조 자료로 삼을 수 있다. 초신성의 적색편이를 분석하면 그들이 얼마나 빠르게 움직이는지 계산할 수 있으며, 그 결과를 토대로 우주의 모든 물체가 매우 빠르게 움직이고 있다는 것이 다시 한번 밝혀졌다. 은하계뿐만 아닌 우주의 모든 물체가 빠르게 회전한다.

펄머터와 리스는 우리로부터 가깝거나 먼 초신성들의 적색편이와 광도를 관찰하여 현재 우주가 얼마나 빠르게 팽창하는지 측정한 다음, 과거의 팽창 속도와 비교했다. 그리고 오래된 초신성이 과거에는 지금처럼 빠르게 흩어지지 않았다는 것을 발견했다. 이는 우주가 팽창할 뿐만 아니라, 움직이는 속도도 빨라지고 있음을 의미한다.

물체의 속도가 변화하고 있으면 우리는 그 물체에 힘이 작용한다고 설명하고, 한편으로는 그 힘을 발휘하는 무언가가 에너지를 가지고 있다고 이야기한다. 따라서 빅뱅에서 유래한 우주 에너지 양을 고려하면 우주 팽창 속도가 얼마나 빨라야 하는지 계산할 수 있다. 만약 그 속도가 점점 빨라지고 있다면 에너지를 지닌 무언가가 원인으로 작용하고 있을 것이다.

우주 속도를 빠르게 하는 에너지에는 '암흑에너지dark energy'라는 끝내주게 멋진 이름이 붙었고, 그동안 우주 가속 현상은 암흑물질과 전혀 관련 없음이 강조되었다. 아직 우리가 발견하지 못한 입자의 일종이 암흑물질이라는 것을 떠올리기는 그리 어렵지 않다. 그런데 암흑에너지? 이는 훨씬 더 까다로운 주제다.

다소 난처한 사실이 없었다면, 암흑에너지는 소란을 피울 가치도 없는 사소한 호기심에 불과했을지 모른다. 아인슈타인의 $E = mc^2$ 방정식은 에너지와 질량이 상호 교환 가능함을 알려주므로(어떠한 의미에서는 동일하다), 우리는 주어진 에너지 양을 토대로 질량을 계산할 수 있다. 계산을 수행한 연구팀마다 결과가 조금씩 다르긴 하지만, 우주에서 암흑에너지의 질량은 약 75퍼센트를 차지한다. 암흑물질은 23퍼센트를 차지하며, 우리가 실제 관측하는 모든 물질, 즉 모든 은하계와 성운, 중입자 다리, 항성계, 항성, 혜성, 소행성, 행성은 2퍼센트를 차지한다.

그럼, 암흑에너지란 무엇일까?

암흑에너지는 암흑물질보다 설명하기 어렵다. 우리는 암흑물질이 우주 전체에 흩어지면서 상당히 희석되었음을 안다. 암흑에너지도 마찬가지로 희석되어 있어서 우주 시간으로 첫 90억 년 동안은 거의 눈에 띄지 않았다.

그 90억 년간 빅뱅의 가속도는 중력 영향으로 느려졌다. 하지만 지금으로부터 약 50억 년 전(1장에서 언급한 우주 달력 기준 8월 말) 은하들은 훨씬 널리 퍼져나갔고 중력은 그 은하들을 함께 붙잡아두기에는 너무 약했다.

이 시기에 중력이 당기는 힘은 잠시 암흑에너지가 밀어내는 힘과 같았고, 우주는 느려지거나 빨라지지 않았다. 그런데 암흑에너지에는 유리한 점이 있다. 중력은 거리가 멀수록 감소하지만 암흑에너지는 어디에서나 같은 힘으로 작용한다. 중력과 암흑에너지가 같은 세기로 작용하는 지점에 도달한 이후, 중력은 암흑에너지를 더 이상 상쇄할 수 없었고 우주는 속도를 내기 시작했다.

어떤 이들은 암흑에너지가 중력, 전자기력, 핵력과 함께 자연에 존재하는 새로운 힘이라고 주장한다. 다른 이들은 암흑에너지가 시공간에 내재한 새로운 특징일 수 있으며, 아인슈타인이 만든 우주상수를 다시 생각해볼 필요가 있다고 말한다. 암흑에너지가 우리 주위를 둘러싼 양자장의 결과일 수 있으며, 빈 공간의 에너지가 이전에 추정한 값보다 훨씬 클 것이라 추측하는 사람들도 있다. 하지만 당황스럽게도, 암흑에너지가 무엇인지 그리고 미래에 무엇을 의미할지 아는 사람은 아무도 없다.

우리는 어디를 향하는가?

현재 우리는 암흑에너지, 그리고 암흑에너지와 중력 사이의 상호작용을 충분히 알지 못하기 때문에 어떠한 미래가 우리를 맞이할지 장담할 수 없다. 다음은 가장 널리 논의되거나 논쟁을 일으킨 네 가지 아이디어다.

빅 프리즈Big Freeze : 암흑에너지와 중력이 현재의 관계에 머무르고, 우주는 계속 팽창한다고 치자. 이 시나리오에서 모든 은하는 수조 년에 걸쳐 점점 사이가 멀어져서, 마지막에는 빛도 은하 사이를 오갈 수 없을 정도로 서로 떨어져 있게 될 것이다. 밤하늘은 검게 변하고 우주의 모든 에너지가 서서히 분산되면서 안정적이고 지루하고 공허한 상태가 될 것이다.

빅 크런치Big Crunch : 암흑에너지가 지배하는 현 상황이 일시적인 효과에 불과하다면 결국 우주는 가속을 멈출 것이다. 가령 여러분이 고무줄을 잡아당긴다면 처음에는 점점 더 빠른 속도로 고무줄을 늘일 수 있겠지만 탄성 한계에 도달하면 고무줄은 본래 상태로 되돌아가려고 한다. 마찬가지로, 중력이 다시 압도하기 시작하면 시공간은 현재와 반대로 거동하기 시작하면서 모든 것이 역빅뱅을 향해 움직여 또 다른 특이점에 도달할 것이다.

빅 바운스Big Bounce : 빅 크런치와 유사하게, 빅 바운스에서도 우주가 특이점에 도달하면서 모든 일이 반복될 것이다. 빅뱅이 다시 일어나고 존재가 순환하기 시작하면서 확장과 수축의 무한 사슬을 돌 것이다. 반복되는 주기는 모두 같을 수도 있지만, 어쩌면 제각기 조금씩 다른 주기로 반동하면서 각각의 우주에 고유의 시간표를 부여할 수도 있다.

빅 립Big Rip : 암흑에너지가 이제 막 시작되었다고 가정하자. 암흑에너지가 무엇인지 우리는 모르지만, 아마도 시간이 흐를수록 암흑에너지 힘은 강해질 것이다. 우주가 밖으로 뻗어나가는 힘은 어쩌면 중력을 압도하는 것은 물론 시공간이 감당하기에도 너무 강해져서, 우주를 갈기갈기 찢고 존재 자체를 파괴할 것이다. 여러분도 알겠지만 이는 현실적으로 나쁜 소식이다.

·6장·

어둠의 중심,
블랙홀

가장 희미한 물결

2016년 2월 12일, 100년 전 일반상대성이론에서 예측한 중력파를 천문학자들이 발견했다고 발표하는 기사가 전 세계 언론의 머리기사로 실렸다.

두 개의 별이 서로를 공전하는 모습을 상상해보자. 하나의 별이 다른 하나의 별을 중심으로 돌면서 주기적으로 반복되는 파동, 즉 중력으로 이루어진 물결이 시공간에 생성된다.

이 같은 중력파는 측정할 수 있긴 하지만, 시공간이 쉽게 교란되지 않아 세기가 매우 약할 것이다. 시공간은 물처럼 작은 자극에 물결치는 실체가 아니다. 오히려 걸쭉한 설탕 시럽에 가까워서 아주 무거운 물체가 움직이는 상황에도 미세한 파동만 일어난다. 따라서 그런 약한 진동을 감지하려면 우리에게는 성능이 뛰어난 장비가 필요했다. 그것이 바로 레이저 간섭계 중력파 관측소Laser Interferometer Gravitational-Wave Observatory: LIGO다.

LIGO의 형태는 단순한 만큼 우아하다. 먼저, 여러분이 반투명거울을 향해 레이저를 쏜다. 각도를 정확하게 맞추면 레이저가 두 갈래로 나뉜다. 그 거울은 레이저를 반사하는 순간 투명해지는 방식으로 작용하여, 레이저 절반을 직각으로 튕겨내고 나머지 절반을 통과시킨다.

아래 그림은 왼쪽에서 쏜 레이저가 반투명거울에 부딪혀 절반은 위쪽으로 꺾이고, 나머지 절반은 일직선으로 계속 이동하는 모습을 나타낸 것이다.

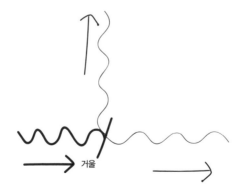

거울

다음에는 일반 거울 두 개를 양쪽 레이저 경로에 놓아두고 레이저가 일반 거울에 완전히 반사되어 원래 경로를 따라 되돌아 나오게 한다. 여기서 반투명거울과 두 일반 거울 사이의 거리는 같다.

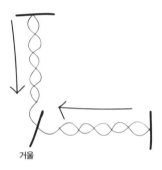

거울

레이저가 반투명거울에 다시 도착하면 전과 같은 현상이 똑같이 반복될 것이다. 반으로 갈라진 레이저 중에서 한쪽은 반투명거울을 통과하고, 다른 한쪽은 90도로 굴절한다.

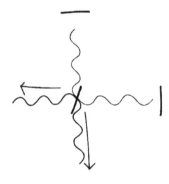

위 그림 하단에 검출기를 두면, 도착한 레이저를 측정할 수 있다.

그런데 검출기는 레이저의 절반이 90도로 굴절하고, 다른 절반이 직선 운동을 한다는 사실을 알지 못한다.

만약 레이저가 직선으로 이동하는 경로에서 무언가가 변한다면 어떤 일이 생길까? 비스듬히 놓인 반투명거울과 일반 거울 사이의 거리가 좁아진다면 어떨까? 그림에서 왼쪽 레이저 발생 장치와 일직선상에 놓인 일반 거울을 좀 더 왼쪽으로 옮기면 갈라진 레이저가 각각의 일반 거울까지 이동하는 거리는 달라질 것이다. 이 경우에는 레이저가 다시 결합했을 때 위상이 맞지 않아 간섭이 일어나는 현상이 검출될 것이다.

이것이 정확하게 중력파가 일으키는 현상이다. 중력파는 공간의 차원 자체를 바꾸어 거울 사이의 거리를 변화시킨다. 이는 중력파가 검출기를 통과하면서 레이저 경로의 길이를 미세하게 변화시켜 레이저 간섭을 일으킨다는 의미이다.

LIGO 프로젝트는 현재 미국 워싱턴주 핸퍼드Hanford, 루이지애나주 리빙스턴Livingston, 이탈리아 산토스테파노아마체라타Santo Stefano a Macerata(이탈리아 관측기는 비르고VIRGO라 부르지만, 이들은 공동 연구를 하고 있으며 데이터를 공유한다), 세 지역에 설립된 조직으로 구성되어 있다. 이탈리아에 설치된 관측기는 한쪽 팔 길이가 2킬로미터이며, 미국 관측기는 그보다 두 배 길다.

LIGO가 최초로 검출한 중력파는 2015년 9월 14일 지구를 통과해 레이저 경로 길이를 불과 몇 나노미터 변화시켰다.[1] 이후 추가로 중력파가 10회 넘게 검출되면서 LIGO 설계에 참여한 물리학자 킵 손Kip Thorne, 배리 배리시Barry Barish, 라이너 바이스Rainer Weiss가 노벨상을 받았다.

그런데 무엇이 중력파를 일으키고 있었을까? 행성과 태양이 공전하면서 중력파를 생성하긴 하지만, 너무 약해서 탐지할 수 없을 것이다. 아주 희미할지라도 중력파를 생성하려면 회전하는 물체들이 무지막지하게 커야 할 것이다. 이 같은 중력파를 설명할 수 있는 것은, 천문학에서 철저히 베일에 가려진 수수께끼인 블랙홀이 유일하다.

암흑성

블랙홀의 존재는 1783년 영국의 과학자이자 사제인 존 미첼_{John} Michell이 처음 제안했다고 한다.[2] 소행성이든, 행성이든, 항성이든, 모든 물체에는 탈출 속도가 있는데, 이는 여러분이 에너지를 더 얻지 않으면서 그 물체의 중력에서 벗어나려면 반드시 내야 하는 최소한의 속도다.

지구는 탈출 속도가 11,200m/s이다. 즉 이 속도로 공을 하늘로 던지면, 대기를 통과하면서 불타지 않는다는 가정하에 공은 지구 궤도에서 이탈한다.

그런데 탈출 속도보다 더 느린 속도로 이동한다고 해서 궤도를 절대 이탈하지 못하는 것은 아니다. 로켓은 일반적으로 탈출 속도보다 훨씬 느리게 날아가지만, 끊임없이 연료를 태워 비행에 추진력을 얻는다. 탈출 속도는 탈출 도중 힘을 추가로 지원받지 못하는 경우 필요한 속도이며 행성이 거대할수록 더욱 빨라야 한다.

탈출 속도가 목성은 60,000m/s, 태양은 617,000m/s이다. 여기서 존 미첼이 고민한 것은 어마어마하게 큰 항성이 존재한다면 탈출 속도가 300,000,000m/s, 즉 우주의 제한 속도에 걸릴 수 있다는 점이다.

그만큼 탈출 속도가 빨라야 하는 항성에서는 한 줄기의 빛도 탈출

할 수 없다. 따라서 만약 여러분이 그 거대한 항성 지표면에 서서 하늘을 향해 횃불을 든다면 그 빛은 휘어져 여러분 쪽으로 되돌아올 것이다.

미쳘은 그 거대한 가상의 물체를 '암흑성'이라 불렀다. 방출된 빛이 언제나 물체 안으로 돌아오므로 망원경으로는 관측할 수 없다는 이유에서였다. 이 아이디어는 훌륭하고 독창적인 반면 현대 블랙홀 이론은 참으로 이상야릇하다.

질량 늘리기

2형 초신성이 생성(항성이 너무 커서 내핵이 외부층으로 튕겨져 나옴)된 뒤에 남는 것은 고밀도의 회전하는 공ball인 중성자별이다.

중성자별의 정확한 구성 성분은 논쟁거리다. 일반적으로는 원자에서 궤도 운동을 하는 전자들이 원자 중심의 양성자 쪽으로 강하게 압축되면서 생성된 순수한 중성자 물질로 이루어졌다고 가정한다. 그 물질은 엄밀히 따지면 원소지만 주기율표 밖에 속하며, 종종 '뉴트로늄neutronium'이라는 별칭으로 불리기도 한다.

중성자별은 거대한 원자핵과 같으며 1초에 수백 번씩 회전하는데, 회전할 때마다 강한 자기장이 발생한다. 1967년 최초로 중성자별을 관측한 조슬린 벨Jocelyn Bell과 앤터니 휴이시Antony Hewish는 그 별들이 회전하면서 규칙적으로 전자기 에너지를 방출하는 현상을 발견하고 그들에게 펄사pulsar라는 이름을 붙였다.

뉴트로늄 1티스푼 무게는 1,000만 톤이고, 중성자별의 탈출 속도는 빛의 속도의 40퍼센트일 것으로 추정된다. 고무판과 공 비유에서 공이 형성한 구덩이의 기울기와 같은 맥락으로, 중성자별이 놓인 시공간의 주위는 '극단적으로 기울어진다'라고 흔히 표현한다. 실제 중성자별은 건물 해체용 쇠공에 가까울 것이다.

행성 PSR J1719-1438b는 평범한 항성이 아닌 중성자별을 공전한다고 추정된다. 그런데 중성자별에 접근하는 대부분의 물체는 중성자별의 중력장에 빨려 들어가 파괴되기 쉬우므로 그런 일은 거의 일어나지 않는다.[3] 중성자별이 다른 중성자별을 공전하는 경우도 마찬가지다.

2018년 10월 LIGO는 두 중성자별의 충돌을 감지했는데, 이것이 킬로노바Kilonova라 불리는 현상이다. 킬로노바는 초신성만큼 강한 빛을 내지 않아 관측하기 무척 어렵지만, 그 과정에 수반되는 압력이 금에서 우라늄에 이르는 주기율표 속 무거운 원소를 생성하리라 예상한다. 여러분이 가지고 있는 금붙이는 실제로 작은 킬로노바 조각인지도 모른다. 그리고 만약 우라늄을 가지고 있다면……. 왜 갖고 있는 거야?

게다가 아주 큰 중성자별은 중력이 강해서 스스로 붕괴할 수 있으며, 중력 붕괴를 통해 중성자가 쪼개져 근본 물질 입자인 쿼크로 변환될 수 있다고 제안되었다. 우리가 관측한 몇몇 중성자별(XTE J1739-285 같은 이름의 별들)은 예상보다 밀도가 상당히 높아 '쿼크별'의 좋은 후보군이긴 하지만, 쿼크별은 가상의 존재이며 실제로 발견된 적은 없다.[4] 그래도 우리가 중성자별이나 쿼크별에서 멈춰야 할 이유는 없다.

1916년 독일 물리학자 카를 슈바르츠실트Karl Schwarzschild는 아인슈타인 방정식을 가지고 놀다가(알다시피 텔레비전이나 다른 놀거리가 없었으니), 붕괴하는 항성의 질량을 점차 늘린다면 중력에 의해 당기는 힘이 점점 강해지면서 어떤 일이 발생하게 되는지 궁금해졌다.

방정식에 점점 더 무거운 항성을 대입할수록 항성 반지름은 작아지고 밀도는 커졌다. 그 결과는 중력의 연쇄반응으로, 입자 덩어리가 점점 자라다가 변형되어 더는 알아볼 수 없는 무언가가 되었다.

죽은 항성의 중력이 굉장히 강하면 주위 시공간이 왜곡되기 시작하면서 공간 차원과 시간 차원이 서로 뒤바뀌게 된다. 즉, 시간이 공간 차원이 되어 방향을 가리키게 된다. 과거는 물리적으로 여러분의 뒤에 존재하며(비유적인 의미에서 '여러분의 뒤'가 아님), 미래는 말 그대로 여러분의 앞에 놓일 것이다.

이런 극단적인 상황에 빠지면 시간은 중심에 자리 잡은 죽은 별로 여러분을 몰아간다. 미래가 죽은 별 안에 있는 상황에서 여러분이 공간을 거슬러 가려면 시간도 거슬러 가야 하기 때문이다.

다른 측면에서도 여러분은 죽은 별 안으로 들어갈 수밖에 없다. 단순하게 탈출 속도가 빛의 속도보다 빨라야 하는 것뿐만 아니라, 시공간이 엉망이 되면서 '바깥'이 '과거'와 동의어가 되어버린 까닭이다. 지금 여러분의 미래는 중심을 향한 하나의 길을 따라 존재한다.

고무판 비유로 돌아가면, 이번 예시에서 고무판 위에 놓인 질량은 너무 무거운 나머지 시공간에 형성된 구덩이를 찢어 수직 통로로 만들었다.

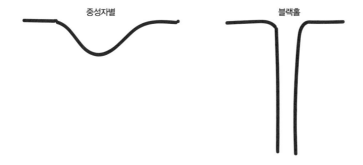

이 내용을 3차원으로 그리기는 쉽지 않지만, 결과는 간단하게 말할 수 있다. 이 물체에 접근하는 것은 되돌아 나올 수 없는 지점에 가는 셈이며, 이 지점이 물리학자가 말하는 '사건 지평선'이다. 사건 지평선이란 앞의 그림에서는 선의 기울기가 급변하는 지점과 같지만, 3차원으로 표현하면 곡률이 극도로 가파른 시공간 주위에서 들끓는 거품에 가깝다. 우리는 이 구조를 블랙홀이라 부른다.

슈바르츠실트는 또한 무엇이든지 압착된다면 사건 지평선 거품을 생성할 수 있다는 것을 이론적으로 보여주었다. 지구는 지름 9밀리미터로 압착되면, 그리고 우리 태양은 지름 3킬로미터로 압착되면 사건 지평선 거품이 만들어진다.

다행스럽게도 지구나 태양에 이런 일이 발생할 수는 없다. 찬드라세카르Chandrasekhar 한계(인도 천체물리학자 수브라마니안 찬드라세카르Subrahmanyan Chandrasekhar에서 유래한 명칭)를 넘어선 거대 항성만이 실제로 블랙홀을 형성한다.

수십 년간 천문학자들은 슈바르츠실트의 답이 현실적인지, 아니면 일반상대성이론에 대한 괴이한 예측에 불과한 것인지 논쟁을 벌였으나 중력파의 발견으로 일단락되었다. 우리가 관측한 것과 같은 중력파의 발생에 필요한 시공간 왜곡이 일어나려면, 블랙홀 두 개가 충돌해야만 한다. 이는 사람들이 이름조차 붙이지 않았을 정도로 극단적인 사건이다.

할리우드 마법

2019년 4월 10일, 지구 전역에 세워진 전파망원경 여덟 개를 연결한 '사건 지평선 망원경Event Horizon Telescope'이 지구를 거대한 안테나로 변신시키고 우리로부터 5해 2,000경 킬로미터 떨어진 은하 M87에 초점을 맞춘 다음, 그 중심부에 있는 블랙홀의 사진을 촬영했다.

사건 지평선 망원경은 29세 대학원생 케이티 바우먼Katie Bouman의 연구팀이 작성한 프로그램을 사용해 5페타바이트petabytes(MP3로 따지면 약 5,000년 분량)의 데이터를 남겼는데, 이는 저장 장치 무게로 따지면 0.5톤에 달한다. 사건 지평선 망원경이 기록한 데이터는 인터넷으로 전송할 수 없을 정도로 커서, 바우먼이 일하는 연구소로 데이터를 옮기기 위해서는 저장 장치를 봉인하여 비행기로 수송해야만 했다.[5]

이 촬영으로 우주에서 빛나는 도넛처럼 보이는 오렌지색과 노란색이 섞인 반지 사진을 얻었다. 블랙홀 사진이 이토록 우리를 들뜨게 하는 이유는 블랙홀이 진짜로 존재한다는 것을 깔끔하게 증명하는 데다, 일반상대성이론이 예측한 블랙홀의 형태와 실제 형태가 일치한다는 것을 보여주기 때문이다.

이 사진을 찍기 전까지 우리는 블랙홀 이미지를 얻으려면 컴퓨터 시뮬레이션에 의존해야 했다. 지금까지 만든 이미지 가운데 가장 정확한 것은 크리스토퍼 놀란Christopher Nolan 감독의 SF영화 〈인터스텔라Interstellar〉의 클라이맥스에 등장한다. 배우 매슈 매코너헤이Matthew McConaughey가 연기한 주인공이 가상 블랙홀인 가르강튀아Gargantua에 접근하는 장면이다.[6]

입이 떡 벌어지도록 놀라운 그 장면을 크리스토퍼 놀란이 상상해 냈다고 생각하는 사람도 있겠지만, 사실 〈인터스텔라〉의 블랙홀은 LIGO를 만든 노벨상 수상 과학자인 킵 손이 이끄는 물리학 연구팀이 설계했다. 컴퓨터로 그려낸 그 특수 효과는 설계에 30명이 참여했고, 저장 공간 800테라바이트를 썼으며, 각 프레임을 처리하는 데 100시간이 소요되었다.

처음에 킵 손은 조디 포스터Jodie Foster, 그리고 우연의 일치로 매슈 매코너헤이가 주연을 맡은 로버트 저메키스Robert Zemeckis 감독의 영화 〈콘택트Contact〉의 비공식 속편으로 〈인터스텔라〉 이야기의 초안을 썼다. 킵 손의 아이디어는 스티븐 스필버그Steven Spielberg가 채택했지만, 최종적으로 놀란이 공동 각본과 감독을 맡게 되었으며 킵 손은 과학 고문으로 참여했다.[7]

영화 속 특수 효과를 제작한 컴퓨터는 일반상대성이론뿐만 아니라 카를 슈바르츠실트 방정식의 해도 설계에 포함하도록 프로그래밍되어 있었다. 그 덕분에 과학적으로 상당히 신뢰도가 높은 시뮬레이션이 가능했고, 실제로 킵 손은 시뮬레이션 결과를 학술지 〈고전

및 양자 중력 Classical and Quantum Gravity〉에 발표하기도 했다.[8]

일부 비평가들은 〈인터스텔라〉가 물리학을 지나치게 멋있어 보이도록 포장했다면서 트집 잡았지만, 이 영화는 전반적으로 물리학이란 어떤 학문인지를 알리는 환상적인 임무를 수행한다. 〈인터스텔라〉 외에 블랙홀을 이야기의 중심으로 내세운 유명한 영화는 디즈니가 제작한 〈블랙홀 The Black Hole〉이 유일한데, 이 영화에서는 사건지평선 안에 사악한 로봇들이 산다.

안과 밖

우리가 블랙홀에 가까이 가서 탐사하거나, 심지어 블랙홀 속으로 빠지게 된다면 무엇을 볼 수 있을까? 답은 대부분 우리가 다가가는 블랙홀의 종류에 달려 있다. 블랙홀은 크기에 따라 항성질량 블랙홀 stellar black hole과 초대질량 블랙홀 supermassive black hole로 분류한다. 항성질량 블랙홀은 질량이 우리 태양의 5~10배에 달하며, 앞에서 살펴본 초신성 단계를 거쳐 탄생한다. 그리고 은하에 잠재적으로 수백만 개가 있을 만큼 흔한 블랙홀 유형이다.

이에 반해 초대질량 블랙홀은 정말 드문데 솔직히 이 블랙홀이 어떻게 형성되는지는 아직 알려지지 않았다. 초대질량 블랙홀은 은하 중심에 자리 잡은 위험한 짐승으로, 아마도 다른 블랙홀의 형성을 도울 것이다. 위성이 행성을 돌고 행성이 항성을 도는 동안 항성은 초대질량 블랙홀을 중심으로 공전한다. 우리 은하에 있는 초대질량 블랙홀은 궁수자리 Sagittarius A*이라고 불리며 질량이 우리 태양의 260만 배나 된다.

블랙홀은 또한 정지 블랙홀(슈바르츠실트 블랙홀이라고도 부른다)과 회전 블랙홀(수학자 로이 커 Roy Kerr의 이름을 따서 커 블랙홀이라고도 부른다), 두 종류로도 분류한다. 기억해야 할 사항은 회전하는 것이 회전 블랙홀의 사건 지평선 표면은 아니라는 점이다. 빙빙 도는 것은 시공간 그 자체로 소용돌이와 다소 유사하다.

여기서 반드시 짚고 넘어가야 할 오개념이 하나 있는데, 블랙홀은 먼지를 빨아들이는 진공청소기와 같지 않다. 달이 지구로 빨려들지 않듯이, 충분히 빠른 속도로 움직인다면 여러분도 블랙홀 주위를 공전할 수 있다. 블랙홀은 중력이 강한 구역일 뿐이며 여러분은 블랙홀에 빠질 수는 있지만 빨려 들어가지는 않는다. 그렇지 않다면 지구에서 고작 3,000광년밖에 떨어져 있지 않은 가장 가까운 블랙홀 A0620-00이 벌써 우리를 삼켰을 것이다.

여러분이 항성질량 블랙홀에 접근한다면 아마도 특별한 무언가를 보지는 못할 것이다. 보이는 것은 우주 빈 공간을 공전하는 잡동사니들뿐이다. 반면에 초대질량 블랙홀에 접근하면 훨씬 인상적인 광경을 목격할 수 있는데, 블랙홀을 도는 모든 먼지와 물질이 뒤엉켜 분쇄되면서 온도가 상승하기 때문이다. 그 과정에 생성되는 빛나는 고리가 2019년 케이티 바우먼과 연구진이 촬영한 블랙홀 이미지로 확인된 것이다.

블랙홀 안으로 계속 들어가면 광자구photon sphere라는 지점에 도달한다. 이곳에서 빛줄기는 시공간 곡률의 영향을 받아 구부러져 원형을 이룬다. 만약 여러분이 초대질량 블랙홀에 접근하고 있는 것이라면 상대론적 제트relativistic jet라 부르는 강력한 입자의 흐름이 블랙홀의 위아래로 분출되는 현상을 볼 수도 있다. 상대론적 제트는 가끔 우리 눈에 직접 관찰되기도 한다. 처음 이 현상을 발견했을 때 사람들은 퀘이사quasar(준항성체quasi-stellar object의 줄임말)라는 이름을 붙였으며, 현상이 어떻게 일어나는지는 현재까지 밝혀지지 않았다.

미심쩍긴 하지만 가장 널리 알려진 가설에 따르면 상대론적 제트는 블랙홀의 사건 지평선을 도는 입자에 이따금 전하가 발생하면서 생성된 자기장에 의한 현상이다. 여기서 자기장은 고리형 철사에 전류가 흐르면 자성이 생기는 것과 비슷한 방식으로 생성된다. 다시 말해 블랙홀은 자성을 띠며 거의 광속에 가까운 속도로 입자를 N극과 S극으로 쏟아낸다.

여러분은 이 광자 층 안에서 실제 블랙홀을 접한다. 여기서는 앞이 보이지 않는다. 당연하지만, 어두컴컴하기 때문이다. 블랙홀이 어두운 이유는 엄밀히 말하면 빛을 삼켜버려서가 아니라……. 다음 단락에서 계속, 채널 고정.

최후의 경계

암흑성이 빛을 끌어당긴다는 존 미첼의 생각은 시각적으로 쉽게 떠올릴 수 있지만, 현실에서 블랙홀은 암흑성보다 훨씬 괴이하다. 사건 지평선을 좀 더 실제에 가까운 모습으로 그리려면 절벽 끝에서 물이 쏟아져 내리는 폭포의 한 지점을 생각하면 된다. 여러분은 그 물길을 거슬러 헤엄칠 수 없다.

물리학자 폴 팽르베Paul Painlevé(프랑스 총리도 두 번 지냈다)는 이 폭포에서 떨어지는 물 자체가 공간이라는 것을 깨달았다. 즉, 빈 공간이 빛보다 빠른 속도로 블랙홀 한가운데로 이동하는 것이다. 블랙홀 중심으로부터 외부를 향해 비추는 빛은 블랙홀 내부를 향하는데, 이는 '중심으로부터 바깥'이 존재하지 않기 때문이다. 일단 여러분이 사건 지평선을 건너면 모든 방향은 내부를 향한다. 그런데 모든 것을 괴이하게 만드는 것은 공간의 형태만이 아니다. 공간과 시간은 연결되었으므로 블랙홀은 공간만큼이나 시간 또한 왜곡하여 상당히 역설적인 결과를 낳는다.

여러분이 블랙홀로 떨어지는 상황을 목격하는 사람들은 모두 자신의 시계보다 여러분의 시계가 느리게 돌아가는 모습을 보게 될 것이다. 여러분이 길게 늘어진 속도로 시간을 경험하는 까닭이다. 만약 그들이 여러분을 계속해서 지켜본다면 여러분 이미지는 잔상을 남기면서 주욱 늘어나다가 속도가 엄청나게 느려지고 난 끝에 결국 멈출 것이다. 즉, 여러분의 이미지는 완전히 정지한다.

이 상황을 두고 마치 여러분의 친구가 여러분이 정지하는 장면을 직접 볼 수 있다는 듯이 나는 '결국'이라는 단어를 써서 표현했으나, 실제로 여러분의 이미지가 완전히 멈추는 데는 무한한 시간이 걸린다. 밖에서 지켜보는 사람은 여러분이 사건 지평선에서 떨어지는 모습을 결코 보지 못할 것이다. 대신에 사건 지평선 가장자리에 점점 가까워질수록 여러분의 움직임이 점점 느려지는 것만 볼 것이다. 영원히.

여러분의 이미지는 또한 흐릿해질 것이다. 여러분 몸에서 나오는 빛이 처음에는 가시광선이지만 점점 파장이 늘어나 적외선, 마이크로파, 라디오파 등으로 변화하기 때문이다. 혹시 빛을 입자 개념으로 생각하고 싶다면(앞에서 언급했듯이 입자와 파동 둘 다 허용된다), 관찰자 쪽으로 보내는 빛 입자들 사이의 시간 간격이 길어지면서 이미지가 점점 희미해진다고 보면 된다.

외부 우주에서 블랙홀을 바라보면 내부는 전혀 보이지 않으며 블랙홀에 아주 근접한 가장자리까지만 보인다. 이것이 블랙홀이 어두운 진짜 이유다. 관찰자 관점에서 블랙홀은 내부에 아무것도 없는 것처럼 보이기 때문이다. 심지어 블랙홀을 생성한 기존 항성조차도 보이지 않는다.

항성이 초신성으로 존재하다가 붕괴되면 (우주 관점에서) '돌아오지 못하는 거품의 지점'이 항성의 중심에서 생성된 다음 바깥쪽으로 이동하면서 항성 표면을 얼룩지게 하는데, 이는 우리가 아는 내용과 논리적으로 정반대다.

블랙홀의 어둠은 내부가 아무것도 존재하지 않는 빈 공간처럼 보이는 것에서 유래한 결과다. 우리는 그것이 환상임을 물론 알고 있지만 블랙홀은 완벽한 진공상태인 듯한 인상을 풍긴다. 우주에서 아무런 사건도 발생하지 않는 지역, 그래서 '사건 지평선'이라는 이름이 지어졌다.

우리가 블랙홀로 빠지는 현장을 목격하는 친구는 실제로 우리가 그 경계를 통과하는 모습을 절대로 볼 수 없겠지만, 우리 관점에서 우리는 누구의 방해도 받지 않고 항해할 것이다. 혹시 사건 지평선을 건너는 도중 뒤를 돌아본다면, 우리는 비디오 빨리감기 버튼을 누른 것처럼 빠른 속도로 외부 우주가 움직이는 광경을 보게 되는데 이는 우주가 우리를 볼 때와 정반대다.

우리는 이때 휙 흐르는 시간의 흐름에 따라 미래의 모든 역사를 눈앞에서 볼 수 있다. 하지만 짜증스럽게도 그 이미지가 점차 쪼그라들기 때문에 유용한 정보는 볼 수 없을 것이다.

더구나 사건 지평선 가장자리에 머무르기도 쉽지 않으므로 간단하게 우주의 미래를 관찰하기는 힘들 것이다. 그런데 만약 어떻게든 사건 지평선에 머물다가 그곳에 갇힌 지 몇 분 만에 밖으로 탈출하게 된다면, 우리는 먼 미래에 등장한 자신을 발견할 것이다. 블랙홀은 진정한 단방향 타임머신이다.

안으로 다가가면 무에 도달한다

블랙홀의 중심에 가까워질수록 물리학적으로 우리가 이해할 수 있는 부분은 줄어든다. 지식이 바닥나고 방정식이 흔들리는 상황에서 우리는 확신을 추측으로 대체해야 한다. 블랙홀 내부는 움직이는 시공간으로 만든 3차원 깔때기로, 피할 틈도 주지 않고 우리를 무無로 인도하기 때문에 블랙홀 내부에서 무슨 일이 일어나는지 알기는 쉽지 않다.

블랙홀에 우주 무인 탐사선을 보낸다 해도 내부 상황을 알기는 어렵다. 획득한 정보를 다시 전송할 수 없기 때문이다. 탐사선에 연결된 전선 속 전자가 사건 지평선 내부에 있게 되면 그 전선은 제대로 작동하지 못한다.

　우리는 블랙홀 내부가 실제로는 어둡지 않으리라 확신한다. 내부에서 아무런 일도 일어나지 않는 것처럼 보이는 까닭에 외부에서 보기에는 어둡지만, 내부의 거품 속에서 바라본다면 블랙홀은 온통 밝게 빛날 것이다. 우리가 블랙홀 안으로 뛰어든 그 지점을 돌아보면 외부 우주는 우리를 향해 빛을 쏟아내는 밝은 점으로 보이며 근처에서 우리처럼 블랙홀로 떨어진 누군가에게는 신호도 보낼 수 있을 것이다.

　그런데 블랙홀 중심에 가까워질수록 거리의 제곱에 비례하여 중력이 증가하는 것을 알아차리기 시작할 것이다. 다시 말해, 여러분과 블랙홀 중심 사이의 거리가 절반으로 가까워지면 중력은 네 배 강해진다. 여기서 거리가 반으로 또 줄면, 중력이 처음보다 16배 강해지면서 발에 가해지는 힘이 머리에 가해지는 힘보다 훨씬 커진다(어떤 이유에서인지 여러분이 몸을 꼿꼿하게 세워 발부터 블랙홀로 뛰어들었다고 가정한다).

　그럼 몸에 일어나는 전체적인 작용을 보자. 블랙홀이 여러분의 온몸을 끌어당기는 동안 블랙홀 중심에는 발이 가장 가깝다. 중심에 1밀리미터 가까울수록 중력이 1,000배씩 증가하기 때문에 여러분은 발 쪽부터 쭉 늘어난다. 이 과정을 물리학자가 실제 쓰는 용어로 스파게티화spaghettification라고 한다.

초대질량 블랙홀에서는 스파게티화에 긴 시간이 필요하며 어쩌면 그 현상이 시작되기까지 몇 년이 걸릴 수 있다. 반면 항성질량 블랙홀에서는 여러분이 사건 지평선을 넘기도 전에 스파게티화가 일어날 수 있다. 심지어 우리는 현재 은하 Arp 299에 있는 항성 하나가 근처 항성질량 블랙홀의 영향을 받아 스파게티화되는 과정을 관찰하는 중이다.

섬뜩하게 들리면서도 반가운 소식은 통증을 뇌로 전달하는 신경세포가 발과 함께 늘어나는 덕분에 스파게티화가 그다지 고통스럽지 않다는 것이다.

그렇게 실처럼 늘어난 여러분 몸의 지름이 마침내 양성자 지름과 같아지면 여러분은 시공간 폭포의 중심에 도달하게 된다. 여기서 우리가 만든 모든 이론이 물음표로 변한다. 블랙홀의 중심은 중력이 너무 강해 공간과 시간이 더는 존재하지 않으며, 여기서 우리는 다시 한번 특이점을 논하게 된다.

블랙홀의 특이점을 '물체'라고 부르는 것은 옳지 않다. 블랙홀 중심은 설명할 수 없는 성질을 지닌 공간이다. 그것은 물체도 아니고 크기도 없으며 시간 안에 존재하지도 않는다.

우리가 블랙홀 특이점에 대해 확실히 아는 것은, 블랙홀이 회전하면 특이점 구역이 점차 늘어나 고리(이것은 당연히 특이링ringularity이라고 불릴 만하다)가 된다는 점이며 그 외에는 아는 바가 없다. 특이점은 시공간에 난 구멍이다. 그런데 특이점이 구멍이라면, 우리는 이 질문을 던져야 한다. '그 구멍 반대편에는 무엇이 있을까?'

시공간을 잇는 지하철

침대 시트에 구멍을 내면 자동으로 그 반대편에도 구멍이 난다. 블랙홀도 수학적으로 별반 다르지 않다. 카를 슈바르츠실트 방정식은 함께 존재하는 두 종류의 특이점을 묘사한다. 모든 것을 끌어당기는 특이점과 모든 것을 밀어내는 특이점. 슈바르츠실트 방정식을 놓고 보면, 블랙홀 특이점에 무언가가 다가가면 역과정을 통해 무언가가 밖으로 나올 수 있는 것처럼 보이는데 그 역과정을 화이트홀white hole이라 부른다.

화이트홀은 이론적으로 시공간을 바깥으로 밀어낸다고 묘사되는 구역이다. 즉, 시공간 곡률이 블랙홀과는 반대 방향으로 급격하게 기울어졌으므로 여러분은 화이트홀 사건 지평선 안으로 들어갈 수 없다.

그런데 우리는 여기서 조심해야 한다. 방정식이 무언가를 예측한다고 해서 그것이 반드시 존재해야 한다는 것을 의미하지는 않는다. 잔디밭을 따라 울타리를 친다고 상상하자. 잔디밭 면적이 9제곱미터임을 알면 여러분은 그 값의 제곱근을 구해 잔디밭 한 변의 길이를 구할 수 있다. 9제곱미터의 제곱근은 +3과 -3이지만, 여러분은 동네 철물점에 가서 "울타리 -3미터 주세요"라고 하지 않는다. 여러분이 알아야 할 것은, 방정식은 자기 자신이 무엇을 기술하는지 모르는 기호들로 이루어져 있다는 점이다.

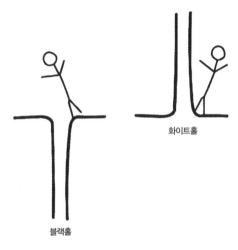

화이트홀

블랙홀

슈바르츠실트 방정식은 블랙홀과 그것의 음의 값인 화이트홀의 존재를 모두 포함한다. 하지만 많은 물리학자는 '블랙홀의 음의 값'에 아무런 의미가 없다며 회의적인 태도를 보인다. 화이트홀은 여태 관찰된 적이 없으며, 우주의 다른 법칙을 위배하는 까닭에 절대로 관찰할 수 없다고 설명하는 사례도 있다.

이 문제를 극복하기 위해 물리학자 프리먼 다이슨Freeman Dyson은 만약 화이트홀이 존재한다면 완전히 다른 우주에 존재할 것이라 제안했다.

침대 시트 비유로 돌아와 시트에 구멍을 뚫는다고 가정하면, 구멍은 시트 반대편에도 나게 된다. 이 우주의 표면에 사는 작은 벌레가 그 구멍을 통과하면 거꾸로 뒤집힌 현실 속에서 자신을 발견할 것이다.

평범한 침대 시트에서 '역우주reversiverse'에 도달하려면 벌레는 시트 윗면을 여기저기 기어 다니다가 시트 가장자리를 둥글게 말아(어떻게 해서든지) 아랫면으로 가야 한다. 그런데 시공간 여기저기가 찢어져 있다면, 벌레는 순식간에 다른 우주로 떠나게 된다.

블랙홀과 화이트홀 사이를 연결하는 통로를 아인슈타인-로즌 다리라고 부르는데, 이 통로를 설명하는 이론을 개발한 아인슈타인과 그의 동료 네이선 로즌Nathan Rosen에서 유래한 명칭이다. 아인슈타인-로즌 다리는 존 아치볼드 휠러가 고안한 좀 더 인상적인 명칭인 '웜홀wormhole'로 보통 알려져 있다. 휠러는 이 연결 통로가 사과를 관통하는 구멍과 같아서 벌레가 사과 표면을 떠돌지 않고도 한쪽에서 다른 한쪽으로 손쉽게 갈 수 있도록 돕는다고 생각했다.[9]

이후에 아인슈타인은 블랙홀/화이트홀 입구를 무시한다면 두 입구 사이의 연결 통로만 이용할 수 있을지 모른다는 아이디어를 제안했다. 웜홀은 같은 우주 내의 두 지점을 연결해서 우리가 보통 도착하는 데 수백 년이 걸리는 다른 우주 지역으로 여행할 수 있도록 해

줄지 모른다.

이러한 연결 통로는 '횡단 가능한 웜홀traversable wormholes', 평행 우주를 연결하는 블랙홀/화이트홀 단방향 통로는 '슈바르츠실트 웜홀Schwarzschild wormholes'이라 불린다.

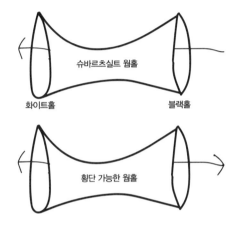

이 모든 내용이 확고한 사실이기보다는 이론과 계산을 바탕에 두는 까닭에, 웜홀은 격렬한 논쟁을 일으킨다. 어떤 물리학자들은 인류가 횡단 가능한 웜홀을 따라 반대쪽 끝에 도착할 수는 없다고 주장한다. 시공간이 중간에 좁아지거나 완전히 붕괴되어 웜홀 안에 영원히 갇히게 된다는 이유에서다. 다른 학자들은 웜홀이 열리도록 도와주는 특정 입자가 있어서 두 개의 입구가 존재하는 곳이면 언제 어디든지 우리는 그 입자를 타고 이동할 수 있을 것이라고 제안하기도 했다.

우리가 웜홀을 통해 어디든 간다고 해도, 블랙홀 특이점 반대편에서 무엇을 발견할지 아는 사람은 없다. 어쩌면 우리는 그냥 파괴될지도 모른다. 모든 블랙홀 특이점들이 자기만의 우주를 창조하는 화이트홀 특이점으로 연결된다면 어떨까? 우리가 사는 우주의 빅뱅은 다른 우주가 만들어낸 화이트홀이 아닐까? 아마도 모든 블랙홀 안에는 저마다의 우주가 잔뜩 구겨진 채 들어 있는데, 그 우주에서 사는 생명체들은 우리 인류가 차지한 공간과는 다른 그들의 차원에서 공간을 차지할 것이다.

블랙홀 특이점은 완벽하게 수수께끼로 남아 있으므로 여러분이 원하는 대로 무엇이든 고안하여 대입할 수 있다. 혹시 모든 블랙홀 안에 온 우주가 들어 있다는 아이디어가 환상적으로 들린다면, 뒤에서 사건 지평선을 좀 더 자세히 살펴볼 때까지 잠시 기다리도록.

·7장·

홀로그램과 루프,
그리고 끈

지식의 결합

　블랙홀을 연구하기 어려운 결정적인 이유는 이론적인 측면에 있다(당연하지만, 실험실에서는 사람이 블랙홀에 직접 떨어질 수 없다는 이유도 있다). 오늘날 우리는 우주를 묘사할 때 무거운 물질의 물리 현상을 다루는 일반상대성이론, 작은 물질의 물리 현상을 다루는 양자역학, 두 가지 물리 법칙을 사용한다.

　블랙홀 특이점은 매우 무겁고 작다(0차원을 차지함)는 이유로 일반상대성이론과 양자역학을 결합하여 이해해야 한다는 측면에서 독특하다. 우리가 주저하게 되는 지점이 바로 이곳인데, 지금까지 양자역학과 일반상대성이론을 모두 포함하는 이론을 생각해낸 사람은 아무도 없었기 때문이다.

따라서 블랙홀 연구는 두 가지 물리 법칙을 어떻게 결합할 수 있는지에 관한 통찰을 준다는 점에서 가치가 있다. 블랙홀의 성질을 알아가다 보면 우리는 만물을 아우르는 근본 이론을 향한 길에 서게 될 것이다. 지금까지 양자역학 일부를 일반상대성이론과 합치는 데 성공한 사람이 단 한 명 있었는데, 그는 도중에 기존 물리학 법칙을 무너뜨릴 뻔했다.

호킹 복사

블랙홀의 사건 지평선은 아무런 일도 일어나지 않는 시공간의 평온한 구역이다. 블랙홀이 가지는 성질은 질량, 회전, 전하뿐이다. 물리학자 야코브 베켄슈타인Jacob Bekenstein은 블랙홀에 별다른 특징이 없다면서 '블랙홀은 털이 없다'고 장난스럽게 묘사했다. 무언가가 일단 블랙홀에 들어가면 그것은 다시 밖으로 나오지 않는다. 이는 언제나 중요한 가정이었다.

또 다른 중요한 가정은 내부에 더 많은 물체가 들어갈수록 블랙홀은 더욱 무거워진다는 것이다. 이는 시간이 지날수록 블랙홀이 커져야 함을 의미한다. 그런데 루게릭병과 싸우는 영국의 젊은 물리학자가 1974년에 두 가지 가정을 바꾸어놓았다.

스티븐 호킹의 인생 이야기는 듣는 누구에게나 감동을 주지만, 강건하게 병증과 싸웠다는 이유만으로 그가 유명한 것은 아니다. 그는 20세기의 탁월한 이론물리학자 가운데 한 명이었다.

1974년 3월 1일 자 〈네이처Nature〉에 호킹은 〈블랙홀은 폭발하는가?〉라는 제목의 논문을 실었다. 여기서 그는 일반상대성이론 일부를 양자역학과 결합하는 방법을 찾았다고 밝혔다. 이 획기적인 논문을 통해 호킹은 두 이론을 결합하면 피할 수 없는 결론으로 귀결되는 것을 보여주었다. 무언가가 사건 지평선 밖으로 나올 뿐만 아니라 최후에는 블랙홀이 쪼그라들어 무無가 된다는 결론이다. 이유는 블랙홀이 앞에서 언급한 세 가지 성질 외에 온도를 가지기 때문이다.

우리는 물체 온도가 절대 영도(-273℃)에 도달하는 것이 불가능함을 이미 아는데, 절대 영도에서는 입자가 완전히 정지하기 때문이다. 이는 양자역학 중에서도 특히 우주의 모든 입자가 끊임없이 움직이며 완전히 정지한 상태로는 존재하지 않는다고 설명하는 하이젠베르크Heisenberg의 불확정성 원리uncertainty principle에 의해 가능하지 않다.

불확정성 원리는 입자가 생성되는 빈 공간의 배경 양자장에도 적용된다. 빈 공간은 실제로 정지한 상태가 아니며 격렬하게 요동치는 에너지가 우리가 감지하기에는 너무 빠른 속도로 공간에서 사라진다. 호킹은 이 격렬한 에너지가 사건 지평선 표면에서도 발생한다는 것을 밝혔고, 블랙홀이 에너지를 우주로 이따금 방출한다는 놀라운 결론을 끌어냈다. 이 결론을 다른 방식으로 표현하면, 블랙홀에는 온도가 있다.

에너지가 천천히 방출되고 있긴 하지만(블랙홀은 끔찍할 정도로 차갑다) 조금씩 밖으로 새어 나오면서 블랙홀은 에너지를 잃고 수축하는 과정 중이다. 수천조 년의 세월이 흐르면 초대질량 블랙홀도 쪼그라들어 무無의 상태가 될 것이다.

호킹을 존경하는 마음을 담아 '호킹 복사Hawking radiation'라 부르는 이 블랙홀 방출 에너지가 반드시 발생해야 한다는 것을 우리는 알지만, 무엇이 그 에너지가 나오도록 유발하는지는 알지 못한다. 이는 물리학 역사에 처음 있는 일이 아니다. 아이작 뉴턴Isaac Newton은 무엇이 행성의 궤도 운동을 촉발했는지는 알지 못했지만 무언가가 그렇게 되도록 했다는 것은 알았기 때문에, 훗날 과학자들이 무언가의 정체를 알아낼 수 있도록 그 부분을 조금 비워두었다. 호킹 복사도 이와 상당히 비슷하다.

호킹 복사가 어떻게 발생할 수 있는지를 제안하는 설명에는 양자역학 현상이 등장하는데, 이를 짚고 넘어가려면 먼 길을 돌아야 하므로 자세한 내용은 부록 IV에 실었다. 요점은, 블랙홀은 우리가 생각했던 것처럼 대머리가 아니며 잔털이 송송 나 있다.

호킹은 논문에서 블랙홀의 에너지 손실이 불가피하다고 말한다. 주목해야 할 부분은 방정식이 아닌 실험 증거로 그가 옳다는 게 증명됐다는 점이다. 우리는 빛을 완벽하게 조절할 수 없기에 진짜 블랙홀을 만들 수 없다. 하지만 소리는 조절할 수 있으므로 블랙홀을 음파로 구현해 실제 블랙홀이 어떻게 작동하는지 연구하고 단서를 찾을 수 있다.

초저온 액체의 진동을 조절하면 액체가 담긴 용기 내부에 음파의 사건 지평선 sonic event horizon이라 부르는 구역을 형성할 수 있다. 그 구역에서는 음파보다 액체가 흐르는 속도가 빨라서 음파가 액체 밖으로 빠져나오지 못한다.

이것은 '덤홀 dumb hole'(빛이 아닌 소리를 가두므로)이라고 불리는데, 2019년 5월 제프 슈타인하우어 Jeff Steinhauer는 자신의 연구팀이 만든 덤홀의 사건 지평선으로부터 흘러 나가는 액체에서 설명할 수 없는 미세한 음파가 이따금 방출되었다고 보고했다.[1] 이 음파가 호킹 복사와 동등한 것으로 추정된다.

이쯤에서 나는 앨런 라이트먼 Alan Lightman이 언급하기는 했지만 신빙성은 낮은 이야기를 할까 한다. 전설적인 물리학자 리처드 파인먼 Richard Feynman도 호킹과 같은 결론에 도달하여 블랙홀이 에너지를 방출한다는 것을 증명하는 방정식을 써서 칠판을 가득 채웠다고 한다.

이야기에 따르면 파인먼이 밤을 새워 칠판에 방정식을 적었으나, 누군가가 판서 내용의 중요성을 깨달았을 때는 이미 청소부가 칠판을 깨끗이 지운 뒤여서 블랙홀처럼 방정식도 영원히 사라지게 되었다고 한다.[2] 재미있는 이야기지만, 물리학자가 사용하는 칠판을 깨끗이 지울 만큼 어리석은 청소부는 없으므로 이 이야기는 곧이곧대로 믿지 않는 편이 좋겠다.

우리는 정보를 원한다

물리학의 핵심 원리는 (적어도 우주 안에서는) 원인이 있으면 결과가 있고 결과가 있으면 원인이 있다는 것이다. 그리고 우리는 이것을 당연하게 받아들인다. 또한 어떤 사건이든지 그보다 앞서 일어났던 일과 연결하고 과거를 기반으로 추론하여 앞으로 일어날 일을 예측한다.

여러분이 지금까지 했던 모든 대화의 메아리는 여러분 집의 벽 표면을 구성하는 원자에 보존되어 있다. 만약 여러분이 과거 어느 시점에서든 평소와 조금 다른 대화를 했다면 오늘의 벽 원자는 미약하게나마 다른 방식으로 진동할 것이다. 실제로 그 모든 정보를 추적하는 것은 불가능하지만, 이론적으로는 만약 여러분이 어떠한 대상의 현재 상태를 알고 있다면 역으로 추적하여 과거에 무슨 일이 있었는지 알아낼 수 있다.

물리학자들은 '정보'라 부르는 성질을 활용하여 과거와 현재 상태 사이의 연관성을 측정한다. 정보에는 엄격한 수학적 정의가 있는데 시간이 과거에서 현재로, 현재에서 미래로 흘러도 정보의 양은 그대로 보존된다는 것이다. 입자는 현재 상태에서 이전 상태로 역추적될 수 있다. 그렇지 않으면 인과관계가 작동하지 않는다. 그런데 호킹이 제안한 증발하는 블랙홀 아이디어가 옳다면, 우리는 심각한 문제를 안게 된다.

입자들은 사건 지평선을 건널 때 자신의 정보를 가지고 간다. 그 정보는 블랙홀 안에 저장되며, 만약 우리가 시간을 거슬러 간다면 입자들이 모든 정보를 가지고 과거로 날아오는 장면을 볼 수 있을 것이다.

이제 블랙홀 증발을 생각해보자. 블랙홀이 에너지를 잃으면 사건 지평선은 수축하다가 특이점 위에서 닫히고, 모든 것은 모습을 감춘다. 이제 블랙홀은 한때 포함하고 있었던 모든 정보와 함께 사라진다. 한동안 블랙홀이 존재했던 곳은 이제 호킹 복사를 방출하는 빈 공간이 되었다.

우리는 이 호킹 복사를 분석하고 추론하여 블랙홀의 사건 지평선

(외부)이 어떻게 거동하고 있었는지 규명할 수 있지만, 블랙홀 안에 무엇이 포함되어 있었는지는 알아낼 수 없다. 호킹 복사는 사건 지평선의 가장자리 및 외부에서 생성되며 사건 지평선 내부와는 단절된다. 블랙홀 내부에 존재하는 것은 무엇이든 다시 빠져나갈 수 없으므로, 안에 저장된 정보는 완전히 삭제된다.

따라서 빈 공간을 보고 그곳에 블랙홀이 있었다는 결론을 내리게 되어도, 그 블랙홀 안에 무엇이 있었는지 절대로 알 수 없다. 우리는 정보가 전혀 사라지지 않는다는 관념을 토대로 과거, 현재, 미래를 전반적으로 이해하는데, 블랙홀의 증발이 그러한 관념이 작동하지 못하도록 막는다. 호킹 복사는 정보가 사라지고 현실을 이루는 덩어리 전체가 우리도 모르게 지워지면서 이른바 '정보 역설information paradox'로 이어질 수 있다는 것을 암시하는 듯하다.

호킹은 자신의 발견에 꽤 자신만만했다. 누군가가 정보 역설을 해결할 수 있을지를 놓고 물리학자 존 프레스킬John Preskill과 내기를 걸기도 했다. 수십 년간 물리학자들은 그에 관한 물리 법칙의 답을 구하려 노력했다. 아마 지금쯤 여러분도 짐작했겠지만, 그 답은 놀라운 역설로 이어진다.

우주를 구하다

입자가 사건 지평선을 넘는 순간으로 돌아가면, 시간이 길게 늘어지면서 그 입자의 이미지가 바깥에 정지한 채로 남게 된다고 이야기했다. 곧, 우리는 실제로 무언가가 사건 지평선 안으로 떨어지는 장면을 절대로 목격하지 못한다.

이는 정보가 사실상 사건 지평선에 각인된다는 의미다. 따라서 이론적으로 호킹 복사는 생성되면서 정보와 서로 영향을 주고받을 수 있다. 블랙홀에서 나오는 호킹 복사는 사건 지평선에 각인된 정보에 따라 다르게 거동하므로 정보는 파괴되지 않을 수 있다. 그리고 그런 정보는 사건 지평선에서 호킹 복사로 전달되거나 우주의 나머지 구역으로 갈 수도 있다.

애초에 호킹 복사가 어떻게 형성되는지 알려져 있지 않은 까닭에 이러한 현상이 일어나는 메커니즘 또한 불분명하다. 하지만 물리학자 헤라르뒤스 엇호프트Gerard 't Hooft와 레너드 서스킨드Leonard Susskind가 적어도 수학 이론적으로는 사건-지평선 요동event-horizon fluctuations을 통해 정보 보존이 가능하다는 것을 보여주었다.

호킹은 존 프레스킬과의 내기에서 패배를 인정했고, 정보를 저장할 방법이 있다는 점에 동의했다. 패배한 대가로 호킹은 프레스킬에게 야구 사전을 사주었다. 그러면서 호킹은 야구 사전을 태운 잿더

미를 프레스킬에게 보내 정보가 어떻게 엉망이 되는지를 보여줄 걸 그랬다고 농담했다.[3]

정보 역설이 예쁘게 포장된 상태에서는 모든 것이 깔끔하게 정리된 것처럼 들린다. 하지만 서두르지 말자. 우주에 있는 정보의 양은 변할 수 없으며, 우리는 그것을 잘 알고 있다. 그런데 정보가 사건 지평선에 저장된 다음 블랙홀로 떨어진다면 정보는 효과적으로 복제된 셈이다. 따라서 사건 지평선을 건너는 동안 정보는 두 배로 늘어나는데 이 현상은 정보가 삭제되는 것만큼 나쁘다. 정보는 블랙홀 안으로 들어가거나 아예 들어가지 않거나, 둘 중 하나여야 한다.

이 새로운 역설의 해결책은 후안 말다세나Juan Maldacena와 레너드 서스킨드가 고안했다. 그들은 우리가 전례 없는 어떠한 행동을 한다면 정보 복제를 막을 잠재적 해결책이 도출된다고 밝혔다. 두 물리학자는 본질적으로 정보가 이미 두 세트 존재한다고 제안했다. 하나는 3차원 입자이고 다른 하나는 입자 주위의 2차원 표면이다. 이야기가 좀 이상하게 흐르는데…….

우주를 구하긴 했는데, 홀로그램일지 모른다

전자로만 이루어진 정육면체를 떠올려보자. 그런 물체를 만들기는 어렵겠지만, 잠깐 생각만 해도 재미있다. 이 정육면체의 여섯 면은 표면을 따라 빠르게 움직이는 음전하 입자로 이루어져 있다. 이제 외부에서 정육면체를 향해 전자를 발사한다고 상상하자. 발사된 전자 또한 음전하이므로, 그 전자가 정육면체 면을 뚫고 지나가면 표면의 모든 전자는 위치를 바꿀 것이다. 이때 정육면체 표면에서 일어나는 변화는 측정 가능하다. 자세히 조사한다면 정육면체 내부에 대해서도 우리가 원하는 정보를 전부 추론할 수 있다.

사실 우리는 이 정육면체 표면이 어떻게 거동하는지 관찰할 수 있으므로, 내부에 포함된 전자를 직접 연구할 필요는 없다. 내부 전자가 언제 정육면체 안으로 들어와 얼마나 빠르게 움직이고 있었는지, 심지어는 그 전자가 현재 어디에 있는지도 계산할 수 있다.

이것은 마치 수영장의 잔물결을 분석해서 누군가가 얼마나 오래 전에 물에 뛰어들어 수면 아래 어느 지점을 헤엄치고 있는지 알아내는 것과 같다. 실제로는 쉽지 않겠지만, 이론적으로는 2차원 외부가 우리가 알고 싶은 3차원 내부에 관한 정보를 전부 가르쳐줄 것이다.

말다세나와 서스킨드는 주위의 낮은 차원으로부터 고차원 정보를 알아낸다는 이 원칙이 정보에 적용될 수 있다고 밝혔다. 두 사람의 주장이 사실이라면, 3차원 공간의 정보는 그 주위를 둘러싼 2차원 경계에 은밀하게 암호화되어 있을 것이다.

물체가 블랙홀 안으로 떨어지면 2차원 정보(입자 주변)가 블랙홀 외부에 머무는 동안 3차원 정보(입자)는 블랙홀 안으로 들어갔다가 이후 호킹 복사에 실려 나간다.

말다세나와 서스킨드의 아이디어는 '홀로그램 원리 holographic principle'라 불리며 더 높은 차원의 정보가 실제로는 불필요하다고 말한다. 2차원 표면에서 3차원의 환상(홀로그램)을 만드는 것과 같은 방법으로, 여러분은 시공간 주위 표면에서 시공간에 관한 모든 것을 알아낼 수 있다. 3차원 물체는 2차원 표면에서 비추는 일종의 투영도다.

한참 전에, 어쩌면 우리는 블랙홀 안에서 살아가는지도 모른다고 말했던 것이 기억나는가? 이 이야기는 우리가 사는 3차원 우주가 현실 밖에 존재하는 어떤 2차원 표면에서 비추는 홀로그램일지 모른다는 의미일까? 충격적이지만, 그럴지도 모른다.

두 물리학자는 어쩌다가 이런 괴상한 결론에 도달했을까? 보다 차원이 높은 정보가 낮은 차원에 저장될 수 있다고 그들이 애초에 제안한 이유는 무엇일까? 홀로그램 원리는 뒷받침할 근거가 있는 걸까? 아니면 정보 역설을 피하기 위해 고안한 그럴싸한 방정식에 불과한 걸까? 이런 질문에 답하려면, 우리는 끈 이론 string theory을 알아야 한다.

우주는 끈인가?

1970년 물리학자 레너드 서스킨드, 홀게르 베크 닐센Holger Bech Nielsen, 난부 요이치로南部陽一郎가 각각 글루온이라 부르는 입자를 연구하고 있었다. 양자역학적 관점에서 글루온은 원자핵을 구성하는 쿼크들 사이를 빠르게 오간다. 세 물리학자는 앞뒤로 휙휙 움직이는 글루온을 입자라기보다 쿼크들 사이를 잇는 탄력 있는 끈으로 간주하면 더욱 간단하지 않을까 하고 생각하기 시작했다.

연구 초기에 글루온의 거동을 계산한 값은 실험값과 잘 맞았다(구체적으로 말하자면 레제Regge 궤적이라 부르는 것으로, 이 궤적에서 글루온-쿼크 구조의 회전속도 계산값은 글루온을 입자가 아닌 끈으로 예상했을 때 실험값과 일치한다). 그리하여 세 학자는 끈으로 묘사 가능한 다른 입자를 추론하기 시작했다.

'끈 이론'에서 한 가지 중요한 특징은, 글루온 끈은 크기가 바뀌어도 기본적인 거동 방식은 변화하지 않으며 온갖 다양한 에너지를 취할 수 있다는 점이다. 글루온 에너지는 다른 어떠한 것에도 영향을 주지 않으면서 증가하거나 감소하기 때문에 에너지를 하나의 차원으로 간주하고 손쉽게 방정식을 세울 수 있다. 입자가 공간의 세 축을 따라 앞뒤로 움직여도 서로에게 아무런 영향을 미치지 않는다는 점을 에너지축에 똑같이 적용하여, 글루온 끈도 비유적으로 '에너지의 방향을 따라 움직인다'라고 상상하면 된다.

물리학자 요네야 다미아키米谷民明, 조엘 셔크Joel Scherk, 존 H. 슈워츠John H. Schwarz는 제각기 그 계산을 수행하여 에너지의 차원에서 진동하는 끈이 양자역학에서 알려진 어떠한 입자와도 닮지 않았다는 것을 발견했다.[4] 진동하는 끈은 중력자graviton라고 부르는 가상 입자처럼 보였다. 중력자는 양자역학과 중력을 조화시킬 수 있는 한 가지 방법이다. 모든 물체가 중력자를 방출하거나 흡수하여 물체들 사이에 인력이 형성된다는 아이디어로서 수년간 언급되었으나 이 이야기를 진지하게 받아들인 사람은 없었다.

이 참신하고 묘한 끈 이론은 본격적으로 연구되기까지 시간이 걸렸으며 시작부터 잘못된 점도 많았지만, 사람들은 물리학자들이 어떤 연구에 열중하고 있는지 점점 궁금해하기 시작했다. 끈 이론에서는 양자와 중력을 함께 다룬다. 지금까지 이런 내용을 제시한 이론은 없었다.

끈 이론 관점에서 입자는 근본적으로 환상illusion이다. 우주에는 작은 물질 덩어리가 아닌 한 종류의 실체만이 존재한다. 바로, 다양한 방식으로 진동하는 에너지끈이다. 이 에너지끈은 어떤 방식으로 진동할 때는 전자의 성질을 띠다가, 다른 방식으로 진동하면서는 글루온의 성질을 띨 수 있다. 몸집이 거대해 진동을 관찰할 수 없는 인간의 관점에서는 끈을 점과 같은 입자로 착각하게 된다.

이쯤이면 끈이 무엇으로 만들어졌는지 묻고 싶어질 텐데, 이해에 도움은 안 되겠지만 답을 하자면 끈은 여러 개의 끈으로 만들어진다. 가장 작은 끈은 F-끈(근본fundamental의 F)이라 불리고, F-끈을 녹여서 합치면 D-끈(독일 수학자 요한 디리클레Johann Dirichlet의 D)이 된다. 끈을 늘려서 2차원 표면으로 만들면 막brane(membrane의 줄임말)이 되고, 막을 서로 포개면 벌크bulk라는 이름의 3차원 구조가 된다.

양자역학에서는 성질이 다른 수백 개의 입자가 등장하는 반면, 끈 이론에는 한 종류의 끈만 존재하므로 여러분은 질량을 나타내는 끈 길이만 알면 된다. 일단 끈 길이를 알면 끈이 취할 수 있는 진동을 전부 알 수 있고, 이를 통해 입자가 갖는 나머지 성질이 모두 나열된 목록을 얻을 수 있다. 요컨대 질량만 알면 전하, 자기장, 그 외 모든 성질을 예측할 수 있다.

그런데 우리가 아는 모든 입자를 설명하려면 3+1차원은 분명 충분하지 않다. 일단 끈을 가로, 세로, 폭 방향으로 진동시키는 것이 여러분이 할 수 있는 일의 전부인데, 이것으로는 세 종류의 입자만 설명할 수 있다. 알려진 모든 입자를 설명하려면 우리가 가진 끈이 진동할 수 있는 다른 방향이 필요하며, 따라서 끈 이론은 더 높은 차원을 포함해야만 제대로 작동한다.

초기 끈 이론은 25+1차원이 필요했다. 그 후 1980년대 끈 이론은 9+1차원이 필요했고, 가장 현대적인 끈 이론은 10+1차원을 필요로 한다. 다시 한번 플랫랜드 비유를 들어야 할 차례다.

플랫랜드 거주민이 입자를 관찰한다고 상상해보자.

거주민들이 아는 한, 입자는 거주민과 마찬가지로 2차원이다. 우리는 플랫랜드의 가장자리에서 입자를 바라보면 세 번째 차원을 관찰할 수 있지만, 플랫랜드 거주민들이 알아차리기에 그 세 번째 차원은 너무 작다.

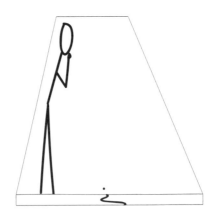

플랫랜드 거주민이 관찰한 입자는 알아차리기에 너무 작은 차원에서 진동하는 끈의 끝단이다. 이와 비슷하게, 우리 우주에도 더 높은 차원 몇 개가 쉽게 배열될 수 있다. 우리가 입자라고 생각하는 것이 실제로는 끈 형태인 물체의 진동일 수도 있다.

끈 문제

현재 끈 이론은 조금씩 후퇴하는 중이다. 끈 이론은 작동하지 않는다. 알려진 모든 입자와 그 입자의 성질을 기술하는 끈 이론을 실제로 고안해낸 사람은 아무도 없다. 우리는 우주의 몇몇 부분을 기술하는 내용이 공통적으로 담긴 여러 개의 방정식만 손에 넣었다. 우주 전체를 기술하는 방정식은 없다.

끈 이론에 차원과 진동을 할당하는 방법은 매우 다양해서 그것들을 모두 시도하기란 사실상 불가능하다. 그런 다양한 끈 이론의 종류는 어림잡아 최소 10^{500}가지 존재하리라 생각되며(이것은 1 뒤에 0이 500개나 붙은 숫자다), 이들 중에서 오직 하나만이 실제 우리 우주와 일치할 것이다. 여기서 단 하나라도 일치한다고 가정한다면 말이다.

우리가 슈퍼컴퓨터를 설치해 다양한 종류의 끈 이론을 1초마다 한 개씩 검증한다고 가정하면, 극히 일부만 검증하는 데도 헤아릴 수 없을 정도로 긴 시간이 걸린다. 단 하나의 옳은 끈 이론을 찾으려는 행동은 전 지구 바다에서 특별한 물 한 방울을 찾으려는 것과 같다. 폭풍우가 몰아치는 동안. 눈가리개를 하고. 젓가락을 써서.

끈의 힘

끈 이론은 검증 가능한 예측을 하지 않기 때문에, 이론을 증명하거나 반증하는 실험을 할 수 없다는 이야기를 종종 듣는다. 하지만 끈 이론가는 지금까지 끈 이론에 유리한 증거 세 가지가 나왔다고 반박할 것이다.

첫 번째는 우리가 초기 끈 이론에서 얻은 레제 궤적 증거로, 여기서 모든 이론이 시작되었다. 두 번째는 끈 이론이 이미 예측한 듯 보이는 것으로, 중력이 존재한다는 사실이다.

우리가 이미 아는 어떠한 존재를 예측하는 것은 이론을 검증하는 바람직한 방식이 아닌 까닭에, 위에 언급된 증거들은 논란을 일으킨다. 만일 뉴턴과 아인슈타인이 중력 이론을 공식으로 만들지 못했으며 그런 이유로 우리에게 양자역학과 입자물리학만 주어져 있었다면, 우리는 끈 이론을 통해 중력을 예측했을지 모른다. 그리고 끈 이론 방정식이 표현하는 대로 중력이 작용하는지 실험한 뒤에 놀랍게도 실험값과 예측값이 일치함을 발견했을 것이다.

끈 이론의 세 번째 근거는 앞서 살펴본 홀로그램 원리와 정보 역설에 있다. 서스킨드와 말다세나가 블랙홀의 사건 지평선에서 3차원 정보가 2차원적으로 암호화될 수 있다고 했던 것 기억하는가? 음, 사실 이건 두 사람이 발견한 내용과 조금 다르다. 미안하지만, 내가 여러분을 속였다. 실제 두 사람의 발견은 내가 한 말보다 좀 더 추상적이다.

먼저 반 드지터 공간을 다시 방문하자. 현실은 돋보기로 비추는 듯 보이고, 멀리 있는 것들은 테두리를 따라 찌그러져 보이는 그 공간 말이다. 이 공간을 2차원에 적용해보자.

말 안장 형태인 반 드지터(AdS) 공간처럼 구부러진 플랫랜드를 상상하자. 이제 그 위로 또 다른 AdS 플랫랜드를 쌓는다. AdS 형태로 구부러진 기둥이 하나 세워질 때까지 쌓고 또 쌓는다. 종이관 속에 층층이 쌓인 프링글스를 떠올려보라. 나는 이것이 AdS 기둥을 가장 완벽하게 빗댄 표현이라고 생각한다.

다음으로, 쌓여 있는 프링글스가 빈틈없이 합쳐져 감자 기둥이 된다고 상상하자. 물체들 대부분은 그런 식으로 합쳐질 수 없지만, 프링글스가 실제 끈 이론에서 비롯한 막이라 가정한다면 가능하다.

끈 이론에서는 끈이 합쳐져 막이 되고 막이 합쳐져 벌크가 될 수 있으므로, 프링글스 형태의 막 한 묶음을 가져다가 쌓으면 여러 겹이 아닌 한 덩어리 물체가 된다. 이 물체의 외부 표면은 2차원 기둥이고, 내부 부피는 3차원 반 드지터 공간이다.

이제 두 가지 조정만 하면 된다. 첫째, AdS 프링글스 막은 무한히 커야 한다(이것은 결국 이론물리학이다). 이는 각 프링글스 막의 가장자리가 무한히 떨어져 있음을 의미하지만, 우리는 실제로 그런 물체를 접할 수 없다.

둘째, 그 물체를 더 높은 차원으로 확장한다. 홀로그램 원리가 작동하도록 계산하면 내부 '부피'는 4차원 AdS 프링글스 벌크, 외부 '표면'은 3차원 민코프스키 공간이 된다.

우리는 민코프스키 공간에서 작동하는 이론을 '등각장론conformal field theory', 줄여서 CFT라고 부른다. 양자역학은 모든 면에서 CFT여야 하지만, 중력과 일반상대성이론은 AdS 공간 내에서 잘 작동한다.

이는 프링글스 기둥의 3차원 CFT 표면에서는 양자역학, 4차원 AdS 공간에서는 중력이 작용한다는 것을 의미한다. 우리는 이러한 관계를 'AdS/CFT 대응성'이라 부르는데, 이것이 홀로그램 원리가 실제로 작동하는 방식이다.

3차원 CFT 공간 속 양자 정보에는 3차원 CFT와 수직 관계인 동시에 중력이 작용하는 4차원 AdS 공간에 대한 모든 정보가 담길 수 있다. 홀로그램 원리는 아직 3차원 정보를 2차원적으로 저장할 수 있음을 증명하지 못했다. 그 대신 4차원 정보를 3차원적으로 저장할 수 있다고 말한다.

이 이론에서 차원을 낮추거나, AdS 공간이 아닌 일반적인 공간에 그 이론을 적용할 방법을 찾은 사람은 아무도 없다. 솔직히 말해 이 사실은 홀로그램 원리가 아직 정보 역설을 제대로 해결하지 못했다는 것을 알려준다. 그러나 언젠가 끈 이론을 이용해 우리가 정보 역설을 해결할 수 있을지 모른다는 단서를 제공한다.

혹시 루프는 아닐까?

양자역학과 중력을 통합하거나 정보 역설을 해결할 때 끈 이론이 유일한 선택지는 아니다. 끈 이론이 끔찍할 정도로 어렵다는 이유로 물리학자들은 덜 알려진 접근법이긴 하지만 만만한 이론을 연구하기 시작했다. 그것이 루프 양자 중력loop quantum gravity이다.

양자역학에서 나온 다양한 예측 중 하나가 에너지(따라서 질량)는 분해되지 않는 '가장 작은 단위'로 존재한다는 것이다. 이러한 질량의 단위가 자연을 구성하는 근본 입자로, 종종 '콴툼quantum'이라고 불린다.

우리가 이 같은 근본 입자를 시공간 배경에 두기 시작하면 중력에 문제가 발생한다. 입자가 곡률이 없는 환경에 있어야 우리는 입자를 이해할 수 있지만, 시공간에는 곡률이 있다. 그래서 존 아치볼드 휠러는 '시간과 공간을 가장 작은 덩어리로 자르는 것은 어떨까?'라고 제안했다.

우주가 유화처럼 매끄럽게 펴진 것이 아니라 컴퓨터 화면에서 픽셀화된 것처럼 '가능한 최소 길이' 같은 단위가 존재한다고 상상해 보자. 그렇게 되면 최소 길이보다 더 작은 거리는 물리적으로 불가능해지는데, 이는 개념적으로 골칫거리이다. 만약 원의 지름이 그 최소 길이라면, 반지름은 그 최소 길이의 절반이어야 할까?

글쎄, 사실 인간 규모에서 작동하는 우주의 법칙이 양자 규모에서도 똑같이 거동한다고 가정할 이유는 없다. 우리는 방정식이 말하는 내용이 그대로 현실에 나타나는 것은 아님을 이미 여러 차례 확인했다. $1 \div 2 = \frac{1}{2}$ 만큼 기본적인 수식조차도 모든 규모의 세계에 적용되지 않을 수 있다.

인간의 물리학 법칙에 적용되는 그 가상의 최소 길이는 실제로 계산할 수 있다. 그것은 플랑크 길이 Planck length (이름 유래가 플랑크 질량과 같음)라 불리고 값은 10^{35}미터이며 이 숫자를 풀어 쓰면 0.000000 0000000000000000000000001미터가 된다. 그렇다면 휠러의 이 급진적인 제안에 따라 양자역학과 중력은 어떻게 결합할 수 있을까? 답은 플랑크 길이가 어떻게 결합하는가와 관련 있다.

시야를 좁혀서 헝겊이 짜인 구조를 관찰하면 여러분은 실들이 서로 단단하게 엮인 모습을 보게 된다. 시야를 넓히면 잘 구부러지고 접히는 유연한 헝겊을 보게 되는데, 실들 사이의 각도가 변화하면서 헝겊에 굴곡이 생긴다.

이와 마찬가지로, 플랑크 길이로 구성된 공간 구역은 (양자역학이 요구하는 대로) 단단하고 평평하지만 그 플랑크 길이 구조들 사이의 관계는 변화할 수 있어서, 우리는 시야를 넓히면 (일반상대성이론이 요구하는 대로) 시공간이 구부러져 보이는 착각을 일으키게 된다. 양자 공간의 그 조그마한 조각들은 그물눈처럼 작은 고리loop를 형성하므로, 이 이론에 루프 양자 중력이라는 이름이 붙었다.

루프 양자 중력은 끈 이론보다 수학적으로 훨씬 단순하다는 점에서 매력적이다. 아직은 완벽한 방식을 발견하지 못했지만, 가능한 10^{500}개의 방정식 중에서 한 개를 찾는 것보다 더 나은 방법을 찾아야 한다.

게다가 루프 양자 중력에서 비롯한 예측은 검증할 수 있다. 공간에 가능한 최소 크기가 존재하므로, 붕괴하는 사건 지평선이 그 최소 크기보다도 작게 수축하는 시점에 도달하는 일은 블랙홀에서 일어날 수 없다. 여기서 블랙홀이 할 수 있는 유일한 일은 바깥으로 다시 확장하는 것이다. 즉, 루프 양자 중력이 맞는다면 블랙홀은 결국 증발하지 않을 것이며 정보 역설도 피할 수 있다.

하지만 아쉽게도 우리 근처에 있는 블랙홀이 그런 팽창 과정을 겪으려면 앞으로 수조 년을 기다려야 한다. 그 시간 동안 우리는 끈 이론을 계산하는 편이 나을지도 모른다.

루프 양자 중력에는 다른 문제도 있다. 공간을 구부리면 시간도 구부러지는 까닭에 시간도 방정식에 넣을 수밖에 없지만 그렇게 하면 방정식이 작동하지 않는다는 것이다.

실제로 일반상대성이론과 양자역학의 불일치 가운데 상당수가 양자 세계에서 시간이 제대로 작용하지 않는다는 점에서 나온다. 루프 양자 중력이 작동하려면, 여러분은 시간 개념을 완전히 제거해야 한다.

루프 양자 중력에서 공간은 다양한 상태로 존재하는데, 그런 공간들 사이의 관계는 부드럽게 이어지지 않는다. 시간에도 허용되는 최소 단위인 플랑크 시간Planck time이 존재하며 10^{-43}초(0.00000000000000000000000000000000000000001초)간 지속되는 이 플랑크 시간보다 더 짧은 시간에 일어날 수 있는 사건은 없다.

필름이 한 컷 한 컷 담긴 슬라이드를 빠르게 재생하면 피사체가 움직이는 듯한 착시가 일어나듯이, 시간은 우리가 상상하는 방식으로 흐르지 않고 순간에서 순간으로 도약하면서 환상을 만들어낸다. 어떻게 이런 현상이 일어나는지는 명확하게 밝혀지지 않았고, 루프 양자 중력은 비통할 만큼 연구 성과가 불충분하다.

물리학자들에게 블랙홀의 물리학이란 일찍 찾아온 크리스마스와 같다. 블랙홀 물리학에는 공간, 복잡성, 심오한 암시, 직관에 반하는 결론 그리고 거대하고도 기묘한 수수께끼 등 우리가 좋아하는 모든 것들이 담겨 있다. 이들을 설명하기 위해 어떤 이론을 선택하든, 우리는 진정으로 낯선 무언가를 받아들일 수밖에 없다. 이러한 점이 우리를 이 책의 다음 장으로 정확하게 안내한다.

3부

별에 둘러싸인 생명체

8장

거기 누구
없어요?

순교자

르네상스 초기 유럽은 로마 가톨릭이 지배했으며 교회와 정치는 분리되지 않았다. 그때도 토론은 장려되었으나 만일 어떠한 주장이 바티칸의 성경 해석과 상충한다면, 갈릴레이 사례에서 보았듯 그것은 심각한 문제를 불러왔다.

기록으로 남아 있는 가장 극단적인 사례의 주인공은 이탈리아 수도사 겸 수학자 조르다노 브루노Giordano Bruno다. 그는 16세기에 우주의 크기로 미루어볼 때 이 세계에 우리만 살고 있을 가능성은 낮다고 말했다.

브루노의 의견은 성경에 수록된 특정 구절을 향한 도전으로 받아들여졌다. 결정적으로, 〈로마서〉 6장 10절과 〈히브리서〉 7장 27절은 단 한 번 있었던 예수의 죽음으로 모든 죄를 속죄했다고 명시하고 있다. 만약 이것이 사실이고 외계인이 존재한다면, 다음 중 하나에 해당할 것이다.

1. 외계인이 예수의 죽음으로 구원받지 못했다면, 하느님은 창조물에 깃든 의식을 전부 사랑하지는 않으신다.
2. 예수의 죽음을 알기에는 지구에서 까마득하게 멀리 떨어져 있으나 외계인이 구원받았다면, 예수님 말씀은 듣지 않고도 구원받을 수 있고 따라서 기독교는 불필요하다.
3. 성경이 잘못되었다.

여러분이 스페인 종교재판소 입장이라면 위의 세 가지 중에서 어떠한 설명도 마음에 들지 않을 것이며, 그런 이유로 브루노는 이단으로 재판받았다. 그는 이미 교회 교리에 도전한 이력이 있는 문제아였던 터라 외계 생명체를 제안했다는 이유만으로 궁지에 몰린 것은 아니었지만, 여하튼 브루노는 이단자로 판결받고 산 채로 불태워졌다. 거꾸로 매달려, 벌거벗겨진 채로.[1]

오늘날 로마 캄포 데 피오리Campo de' Fiori 광장 내 브루노가 처형당한 지점에는 그의 동상이 세워져 있으며 그는 과학의 순교자라 불린다(브루노 동상은 똑바로 서 있고, 옷도 제대로 입었다). 다행히도 1590년 이후 시대가 변했고, 현재 우리는 외계 생명체의 존재를 추측해도 괜찮다.

색다른 생명체

내가 어린 시절 처음으로 관람한 영화는 레너드 니모이Leonard Nimoy가 연출한 명작 〈스타 트렉 4: 귀환의 항로Star Trek 4: The Voyage Home〉(1986)였다. 영화에서 엔터프라이즈호 승무원들은 시간을 거슬러 와 1980년대 샌프란시스코에 도착하여 혹등고래를 미래로 데려간다. 외계에서 미래 지구로 온 탐색체가 고래와 같은 음을 내는 것을 확인한 승무원들이 그 탐색체와 의사소통을 하기 위해서였다. 진짜다. 〈스타 트렉 4〉는 지금까지 제작된 영화 중에서 훌륭하기로 손꼽힌다.

〈스타 트렉〉은 지금도 내가 가장 좋아하는 시리즈물인데, 색다른 외형의 외계 생명체를 묘사한다는 점이 〈스타 트렉〉의 자랑거리다. 이를테면 '쏠리언의 거미줄The Tholian Web'(1968) 편에서 엔터프라이즈호 승무원들은 몸 전체가 수정crystal으로 이루어진 종을 만난다.[2]

또 '메타모포시스Metamorphosis'(1967) 편에서는 뮌하우젠Munchausen 증후군을 앓으며 생각할 수 있는 가스 구름을 만나고, '은밀한 사랑Sub Rosa'(1994) 편에서는 성적인 꿈을 꾸게 하는 스코틀랜드 유령 모습의 외계인도 만난다! 객관적 시각에서 보자면 이건 좀 지나친 것 같다.[3]

〈스타 트렉〉과 같은 드라마는 우리가 외계인 하면 떠올리는 개념들을 특히 흥미진진하게 그린다. 생명체는 우리 행성에서 수없이 다양한 형태를 취하고 있으므로, 다른 행성에서는 어떤 모습으로 존재할지 추측하기 어렵다. 남아메리카에는 머리로 뜨거운 끈끈이를 분출하는 우단벌레velvet worm라는 종이 살고, 하늘에는 기류를 타고 평생 떠다니는 공중부유생물aeroplankton이 산다. 또 어떤 생명체가 존재할 수 있을지 누가 알겠는가?

별의 중심부에 플라스마로 이루어진 생물이 살거나 블랙홀 끝자락에 시공간 덩어리로 구성된 문명이 존재할 수 있다. 어쩌면 우리는 이미 외계인을 맞이하고 있는데 외계인이 어떤 존재인지 인식하지 못하고 있는 것인지도 모른다.

이런 추측은 늘 재미있다(그리고 지적으로 건강한 행위라 주장하고 싶다). 하지만 '우리가 발견할 수 없는 것이 있을까?'라는 물음에 '그렇다. 게다가 어떻게 하든 우리는 답을 찾지 못할 것이다'라는 단순한 답이 돌아오게 되면 토론은 그것으로 끝나고 만다.

외계 생명체를 향한 궁금증을 명확하게 다루려면 우리는 조금 비관적으로 생각해야 한다. 세상에는 인간이 알아차리기엔 너무나 해괴한 생명체가 존재할 수 있어도, 과학에서 우리는 인간이 논의할 수 있는 범위 내로 우리 영역을 한정한다. 다시 말해, 우리는 우리가 모르는 생명체를 생각하기 전에 현재 아는 것을 토대로 생명체의 가능성을 평가할 필요가 있다.

생명체란 무엇일까?

생명체에 대한 다양한 정의는 모든 생명체가 공유하는 성질들을 종합한 것이다. 그 성질에는 영양 섭취, 환경에 대한 대응, 번식, 이동, 호흡 등이 있다.

이 접근 방식은 언제나 예외를 찾을 수 있다는 점이 문제다. 예컨대 노새mule, 버새hinnie, 라이거liger, 타이곤tigon, 홀핀wholpin, 피즐리pizzly는 번식이 불가능한 잡종 동물이다. 또 지중해에서 발견되는 미생물의 일종인 동갑동물loricifera은 호흡하지 않는다. 생명은 분명 일반적인 특성보다 더욱 심오한 무언가를 의미한다.

철학적인 분위기 속에서 내 친구는 생명체를 '죽을 수 있는 것'으로 단순하게 정의하자고 제안한 적이 있다. 꽤 영리한 접근법이긴 하지만, 아쉽게도 죽음이 분명하지 않은 생명체도 존재한다. 식물 종인 히드라 비리디시마 Hydra viridissima 와 해파리 종인 투리토프시스 도르니이 Turritopsis dohrnii 는 충분한 영양분을 섭취하고 누군가로부터 고의로 죽임을 당하지 않는다면, 나이 들지 않고 영원히 사는 것으로 알려져 있다.

NASA가 1994년 이 주제를 놓고 진행한 회의에서 합의된 생명체의 정의는 '다윈의 진화를 따르는 자립형 화학 구조'였으며, 우주생물학자 대부분이 이 정의를 받아들인다.[4]

'화학 구조'는 생명체의 정의를 원자와 분자로 만들어진 물질로 좁히고, 태양이나 블랙홀 안에서 사는 생명체는 배제한다. 그리고 '다윈의 진화'는 그러한 화학 구조 안에 정보를 저장하고 전달하기 충분한 복잡성이 있음을 밝힌다. 따라서 생명체란 근본적으로 복잡한 화학 구조이며, 이는 생명체를 발견하려면 어떤 종류의 행성이나 위성을 찾아야 하는지를 합리적으로 추측하게 해준다.

우선 적당한 재료가 있는 장소를 찾아야 하는데, 여기에 좋은 소식이 있다. 지구상 모든 유기체는 같은 분자 목록으로 구성되어 있다. 주로 아미노산이 (세포를 만드는) 단백질을 형성하고, 뉴클레오티드 염기가 (그러한 단백질을 만드는 설명서인) DNA를 형성한다. 이런 구성 요소들은 지구에만 존재하지 않는다.

우리는 멀리 떨어진 성운에서 아미노산과 뉴클레오티드 염기를 관찰했고 지구로 추락한 운석 내부에 그 구성 요소들이 갇혀 있는 것도 발견했다. 은하는 분명 지구 생명체와 비슷한 우주 생명체에 필요한 구성 요소들로 가득 차 있지만, 그러한 구성 요소에는 한계가 있다. 바로 이 지구에서 우리는 특이한 뉴클레오티드 염기(XNA라 부름)로 인공 DNA를 만들 수 있었으며, 플로이드 롬스버그Floyd Romesberg라는 한 과학자는 심지어 완전히 새로운 유형의 DNA를 지닌 반합성 생명체까지 만들어냈다.[5]

짐작건대 생명체는 화학 반응이 가능한 출발점이면 어디에서든 탄생할 수 있다. 그러니 우리는 행성이 반응할 수 있는 적절한 조건을 갖췄는지 확인하기만 하면 된다.

암석, 금속, 결정과 같은 고체 화학 구조는 원자들이 탄탄한 격자 구조 속에 고정되어 전혀 움직이지 못한다는 점에서 적합한 반응 조건이 아니다. 고체와 대조적으로, 기체는 입자가 무질서하고 복잡한 반응을 지속할 만큼 충분히 오랫동안 반응물에 접촉할 수 없다는 문제를 지닌다.

생화학 반응이 진행되려면 분자는 이동할 수 있어야 하고, 반응 상대와 거리가 가까워야 하며, 천천히 움직여야 한다. 따라서 생명이 시작할 수 있는 가장 좋은 기회는 액체 속에 떠 있는 화학물질이 지닌다고 제안해야 가장 타당하다. 그런데 모든 액체가 다 그런 것은 아니다. 액체의 반응성이 너무 높으면 화합물이 서로 반응하는 대신 액체와 반응할 것이다. 또 그 액체 내에서는 다양한 종류의 분자가 돌아다닐 수 있어야 하며, 행성의 계절이 바뀌면서 온도가 폭넓게 변화해도 액체인 상태가 유지되어야 한다.

이 같은 성질을 띤 화학물질은 몇 가지 외에 알려지지 않았다. 암모니아와 황화수소도 좋은 후보이긴 하지만 물이 단연코 가장 풍부하다. 분명히 말해 생명체에 반드시 물이 필요하다고 주장할 근거는 없다. 단지 물은 생명체가 좋은 기회를 얻기에 적합한 성질을 모두 지녔다.

지구에서는 물을 발견한 장소에서 생명체를 찾고, 생명체를 발견한 장소에서 물을 찾는 것이 규칙이다. 우리는 흔히 인간을 고체라고 생각하는데, 인간은 대략 37조 개의 세포로 이루어져 있으며 각각의 세포는 아주 작은 물주머니다. 우리가 아는 모든 생명체와 마찬가지로 인간은 걷고 말하는 바닷물이며, 특정 행성에서만 이런 생명체가 지속될 수 있다. 태양에 너무 가까운 행성에서는 물이 증발해버려 생명체가 살기는 거의 불가능할 것이다. 태양에서 너무 떨어져 있는 행성에서는 그것과 정반대인 문제가 발생한다. 모든 것이 꽁꽁 얼어붙어 화학 반응이 완전히 멈춘다.

한 행성에 액체 상태로 물이 존재하려면 그 행성은 생명체가 거주 가능하다고 알려진 특정 거리만큼 항성으로부터 떨어져 공전해야 하는데, 그 지점은 오트밀죽처럼 온도가 적당해야 하므로 '골디락스 구역Goldilocks zone'이라는 별칭이 붙었다(골디락스라는 소녀가 곰 세 마리가 사는 집에 들어가 뜨겁지도 차갑지도 않은 오트밀죽을 먹는다는 동화 〈골디락스와 곰 세 마리〉에서 유래한 용어 – 옮긴이).

골디락스 행성은 얼마나 많이 있을까?

현재 2,000억 개의 항성이 있다고 추정하는 우리 은하를 생각해보자. 은하 중심부 근처에서 방출되는 방사선은 상당히 강해서 복잡한 생화학 물질을 파괴할 수 있으므로, 은하계 중심에서 바깥쪽으로 적게 잡아 4분의 1지점까지는 생명체가 살 수 없는 곳으로 간주하고 제외한다. 그러면 남는 항성은 1,500억 개다.

다음으로, 항성이 형성되는 과정에 발생한 부산물로 행성이 만들어진다고 보면 대부분의 항성은 행성을 가지는 것으로 추정된다. 그러나 보수적으로 따지면 항성의 90퍼센트만이 주위에 행성이 있으며, 항성 한 개당 행성 한 개씩 가진다고 가정할 수 있다. 그러면 생명체가 살 수 있는 행성은 1,350억 개다.

드라우그Draugr, 폴터가이스트Poltergeist, 포비터Phobetor 같은 외계행성(우리 태양이 아닌 다른 항성을 공전하는 행성)은 1992년 1월에 처음으로 발견되었고, 그 후 우리는 3,500개가 넘는 행성을 관찰했다.[6] 나는 이보다 더 정확한 숫자로 설명하기는 마음이 내키지 않는다. 현재 인류가 무척 빠른 속도로 외계행성을 발견하고 있어서 내가 어떤 숫자를 쓰더라도 이 책이 출간될 무렵이면 과거의 숫자가 되어 있을 것이기 때문이다.

우리가 발견한 3,500개의 외계행성 중에서 21개가 골디락스 구역에 있는 것으로 의심된다.[7] 이는 전체 행성의 0.6퍼센트에 해당하기에, 이 비율을 우리 은하에 존재하는 행성 약 1,350억 개에 대입하면 골디락스 구역에는 행성 8억 1,000만 개가 존재할 것이다. 이들 행성 중에서 10퍼센트만 물이 있다고 가정한다면(10퍼센트는 꽤 냉정한 기준으로, 인류는 이미 행성 K2-18b에서 액체 상태의 물을 발견했다[8]), 생명체가 생존의 발판을 마련할 수 있는 행성으로 약 8,100만 개가 남게 된다.

그런데 아쉽게도 우리는 지구에서 생명체가 어떻게 발생했는지 모르고, 그런 이유로 생명의 발생이 흔한 과정인지 드문 과정인지 말할 수 없는 까닭에 추측은 여기서 끝내야 한다. 하지만 생명체가 살아갈 수 있는 행성이 최소 8,100만 개 있다면, 생명체가 발생할 확률을 100만 분의 1로 잡아도 여전히 대략 80개 행성에 생명체가 존재할 수 있다.

그들은 우리를 볼 수 있을까?

우리가 다른 항성계를 분석하듯, 외계인도 우리 태양계를 분석하여 생명체가 있을지 가늠한다고 가정하자. 그들은 우리를 찾아낼 수 있을까?

외계인이 우리의 존재를 알아차릴 만한 가장 결정적인 단서는 지구 대기에 산소가 존재한다는 점이다. 산소는 반응성이 매우 높은 원소여서 순수한 형태로는 장기간 남아 있지 않고, 보통 암석과 바다 안에 포함되어 있다. 행성이 산소 대기를 유지하는 유일한 방법은 행성의 무언가가 계속해서 산소를 생산하는 것이다.

게다가 행성 지구는 조심성이 별로 없다. 인간이 사용하는 수많은 무선통신 장비가 방출하는 전파는 우주로 새어 나가므로, 우리 은하 한구석에서 수신기를 돌리는 누군가는 어렵지 않게 그 내용을 엿들을 수 있다. 심지어 우리는 지구 밖에서 귀 기울이고 있을 누군가를 위해 우주로 메시지 몇 개를 전송하기도 했다.

1974년 인류는 푸에르토리코에 설치된 아레시보_{Arecibo} 전파망원경에서 M13 성단을 향해 3분간 신호를 송출했는데, 여기에는 인간 DNA의 화학적 구성에 관한 정보도 들어 있었다. 2001년에는 전자악기 테레민_{theremin}을 연주하는 공연 영상이 포함된 '틴 에이지 메시지_{Teen Age Message}'를 항성계 여섯 곳(가장 빠르게는 2046년, 가장 늦게는

2070년에 도착)으로 보냈다. 또 2008년 '지구에서 온 메시지'라는 프로젝트에서는 소셜 네트워킹 웹사이트 비보Bebo에서 작성한 501가지 인사말을 행성 글리제Gliese 581c에 보냈는데 이는 2029년에 도착할 예정이다.

1983년과 1990년에 각각 우리 태양계를 떠난 심우주deep-space 탐사선인 파이어니어Pioneer 10호와 11호의 측면에도 외계 생명체에게 보내는 금속 알림판이 붙어 있다. 금(가장 안정한 금속 가운데 하나)으로 코팅된 알루미늄판에 지구를 찾을 수 있는 지도와 벌거벗은 남녀의 몸 그림을 표기한 것이다.

1977년 발사한 보이저 탐사선 두 대에 실린 메시지는 더욱 정교하게 고안되었다. 두 탐사선 선체에는 지구에 관한 116가지 사진과 그림, 지구에서 평상시 나는 소리, 베토벤부터 척 베리Chuck Berry에 이르는 다양한 음악, 55개국 언어로 건네는 인사말, 고래가 부르는 노래 등이 실렸다. 여러분도 알다시피 고래의 노랫소리는 〈스타트렉 4〉에서처럼 무언가와 마주친 상황을 대비해서다.

외계인이 얼간이라면?

우주 동료들에게 손을 내밀어야 한다는 생각은 흥미롭긴 했으나 때때로 심각한 우려에 부딪힌다. 외계인이 인류를 적대적으로 생각한다면, 우리에 관한 자세한 정보를 그들에게 보내는 행위는 기본적으로 외계인의 함대를 향해 지구 공격법을 전송하는 것이다.

여러분 중에서 영화 〈인디펜던스 데이 Independence Day〉를 본 사람이 있는가? 이 영화에서 하베스터 harvester('수확자'를 뜻하는 이 명칭이 첫 번째 단서다)라고 불리는 외계 종족은 24시간 동안 지구인 대부분을 몰살한다. 24시간은 인류를 몰살하기에 충분한 시간이다.[9]

어떠한 종족이든 인류의 모든 저항을 무력화하고 제압하려면 인류보다 수십 년 앞서야 할 것이다. 가령 1970년대의 군대가 1900년대 초기의 군대에 전쟁을 선포했다고 상상해보자. 이 전쟁에서는 핵무기, 비행기, 레이더 잠수함, 유도탄, 위성에 말과 소총으로 맞서야 할 것이다.

할리우드 영화에서 지구를 침략한 외계인에게는 언제나 인류가 이용할 만한 아킬레스건이 존재한다. 영화 〈싸인 Signs〉에서 외계인에게는 물 알레르기가 있다.[10] 영화 〈화성 침공 Mars Attacks!〉에서는 특이한 선율의 팝송이 인류에게 승리를 안겨주고, 앞서 언급한 〈인디펜던스 데이〉에서는 외계인의 약점이 제프 골드블럼 Jeff Goldblum이었다 (배우 제프 골드블럼이 연기한 극 중 인물이 외계인의 침공을 간파하고 이에 대항하는 무기를 개발한다 – 옮긴이).[11]

현실에서는 약점을 이용해 외계인을 간단히 물리칠 수 있을 것 같진 않다. 그러니 우주를 항해하는 침략군의 다음 희생양이 되기 전에 인류는 그들을 향해 머리를 조아려야 한다고 주장할 수도 있다. 이러한 우려가 어디서 나오는지 이해하지만, 괜찮다면 나는 여기에 반론을 제기하고 싶다.

모든 생물은 한정된 자원을 얻기 위해 경쟁하고, 자손이 살아남을 수 있도록 보호하며, 경쟁자를 물리치는 등 생존의 토대가 되는 도전 과제에 공통적으로 직면한다. 공격적인 성향은 이러한 도전 과제 중에서 일부를 달성하는 데는 도움이 되지만, 제대로 기능하는 사회를 운영하는 데는 방해가 된다. 유기체는 누군가가 자신을 위협할 때와 자신과 가족이 속한 집단이 공격당할 때 나서서 싸워야 한다. 규제를 발전시키지 않고, 인내심을 키우지 않는 종은 결국 싸움을 통해 소멸한다. 그러므로 성향이 극도로 공격적인 종은 지구 바깥에 아마 없을 것이다.

또한 나는 외계인이 우리를 동정할 가능성이 높다고 생각한다. 2016년에 BBC가 대표 다큐멘터리 시리즈인 〈플래닛 어스 2 Planet Earth 2〉를 방영한 당시, 아기 거북들이 배수구에 갇히는 상황을 묘사한 에피소드에 시청자들의 항의가 빗발쳤다.[12] 다른 종에 동정심을 보여야 하는 이유는 없지만, 인간은 그런 감정을 느낀다. 우리는 무력한 대상을 인식하고 그들에게서 두려움보다 측은함을 느낀다.

예상하건대 우리가 누군가에게 공감할 수 있는 이유는 학습을 통해 타인을 모방하는 능력과 타인의 관점에 우리 마음을 투영하는 능력을 얻기 때문이다. 생각하고 학습할 수 있는 종은 동정심을 자아내는 생명체를 보면서 공감 능력을 발달시킬 가능성이 있다.

실용주의적 관점에서 보아도 외계인의 지구 침공에는 이득이 될 부분이 없는 듯하다. 행성을 오가며 여행할 수 있는 종은 기술적으로 상당한 발전을 이루었을 것이므로, 인류가 사는 눈꼽만 한 행성으로부터 그들이 얻어낼 것은 전혀 없다. 우리가 보유한 물, 다양한 미네랄, 녹아 있는 지구 내핵, 태양은 우주에 부족하지 않다. 여러분은 외계인과 싸우지 않고도 은하계 어디에서든지 이런 것들을 발견할 수 있다.

우리에게 전쟁을 선포하는 외계 종은 펭귄에게 전쟁을 선포하는 인류와 같다. 펭귄은 우리가 머무는 편안한 집에서 멀리 떨어져 살고, 그들이 사는 지역은 우리가 살고 싶지 않은 곳이며, 그곳에 가려면 노력을 쏟아야 하는 데다 그곳엔 우리가 사용할 자원도 없고, 그들은 인류에게 별다른 위협이 되지 않는 동시에 우리는 그들을 귀여워하는 경향이 있다. 맞다, 바로 이거다. 인류는 은하의 펭귄이다.

그럼, 다들 어디 있지?

1950년 여름 어느 날 오후, 위대한 물리학자 엔리코 페르미Enrico Fermi는 친구 에드워드 텔러Edward Teller, 에밀 코노핀스키Emil Konopinski, 허버트 요크Herbert York와 점심을 먹으면서 여러분이 몇 페이지 전에 한 것과 비슷한 계산을 했다. 네 과학자는 은하계에 생명체가 드물지언정 존재할 가능성은 높다고 결론지었다.

대화가 계속되었으나 페르미는 그답지 않게 한참을 침묵했다. 그러던 중 토론을 이어가는 다른 세 사람을 향해 불쑥 "그런데 모두 어디 있지?"라고 외쳤다.[13] 이 말은 종종 페르미 역설로 불리며 우주 생물학에 도전 의식을 북돋운다. 생명체는 어딘가에서 발생했겠지만, 우리는 그들을 전혀 발견하지 못했다.

다음 장에서 외계 생명체의 가능성을 암시하는 흥미로운 단서들을 살펴보겠지만, 결정적인 증거는 없다는 점이 유감이다. 우리는 인류가 우주에 홀로 있는 것처럼 보이는 이유를 묻는 괴로운 질문에 직면했지만, 수학은 인류가 혼자가 아닐 것이라 말한다. 페르미 역설에 대한 그럴듯한 답은 다양하게 나와 있다. 그중에서 널리 알려진 몇 가지를 소개한다.

1. 외계 생명체가 다른 행성에 출현하는 과정에 수생 생물로 남았

을 가능성이 있다. 과학 기술을 발전시키려면 화학 반응을 수행해야 하는데, 특히 암석으로부터 자연 상태의 금속을 추출하려면 불을 능숙하게 다뤄야 한다. 물속에서 일어나기 어려운 그런 화학 반응을 수행할 정도로 똑똑한 수생 생물 종족이라면 절대로 우리에게 자신들의 존재를 들키지 않을 것이다.

2. 외계 생명체가 출현했다 하더라도 그들이 기술적 발전을 이루지는 못했을 것이다. 지구에서도 과학 발전은 단 한 종에게만 일어난 걸 보면, 아마도 다른 세계에서는 온순한 침팬지나 깃털이 난 공룡들이 멸종하지 않은 채 살고 있을 것이다.

3. 우주를 탐험하는 문명은 이미 존재하지만, 별들 사이의 거리가 상상을 초월할 정도로 멀어서 어떠한 외계 문명도 아직 우리 영역에 도착하지 못했다. 빛의 속도에 가깝게 이동한다고 해도 은하를 건너는 데는 10만 년이나 걸린다.

4. 어쩌면 외계 생명체는 이미 인류를 정찰하러 왔으나, 우리에게 관심을 가져야 할 가치를 발견하지 못하여 우리가 개미 군단을 보고 지나치듯 그들도 우리를 그냥 지나쳐 갔을지 모른다.

5. 아마도 인류는 외계인에게 너무 공격적인 인상을 풍겼을 것이다. 따라서 외계인들은 위험을 무릅쓰고 인류에게 인사를 건네기 전에 인류가 스스로 초래한 기후 재앙으로 자멸하기를 바라고 있을 것이다.

6. 외계 문명들 사이에서는 늘 의사소통이 이루어지고 있으나, 우리가 그들이 사용하는 기술을 발명하지 못했을지 모른다. 현재 인류가 쓰는 문자메시지, 전화, 라디오 방송은 우리도 모르는 사이 몸속을 통과해 전송되고 있다. 같은 측면에서 우리는 은하계 소셜 네트워크의 한가운데에 앉아 있으며, 외계인은 인류가 사용하는 원시적인 전자파 기술을 비웃고 있을 것이다.

7. 가장 간단한 설명은, 외계 생명체는 존재하지 않으며 우리가 생명체의 발생 기회를 과대평가했다는 것이다. 지구상 모든 종은 DNA를 지니는데 이는 우리가 공통의 조상을 공유함을 암시한다. 즉, 지구에서 생명체는 단 한 번 발생한 듯 보이고, 따라서 생명체 발생은 아주 흔하게 일어나는 일이 아니다. 생명체는 10억 번의 시도 끝에 겨우 한 번 발생한 것일 수 있으며, 그런 경우 지구는 실제로 은하계에서 유일하게 생명체가 사는 곳이 된다.

내 생각에는 아서 C. 클라크 Arthur C. Clarke가 페르미 역설에 대해 도출한 답이 가장 그럴듯하다. "두 가지 가능성이 있다, 우주에 우리뿐이거나 그렇지 않거나. 양쪽 모두 끔찍한 일이다."[14]

· 9장 ·

안녕,
보잘것없는 지구인들!

풀밭 위 신호

1970년대 영국 남부에서 농부들이 곡물을 재배하는 밭에 복잡한 문양들이 하룻밤 사이에 나타나기 시작했다. 이 문양들은 직각과 원이 맞물린 정교한 형태여서 동물이나 기상 현상에 의해 만들어졌을 가능성은 배제해야 했다. 이것이 크롭 서클crop-circle 열풍의 시작이었다.

10년 동안 대략 3주에 한 번씩 영국 어딘가에서 새로운 문양이 나타났고, 자칭 크롭 서클 전문가들도 크롭 서클만큼이나 빠르게 등장하기 시작했다. 누가 문양을 그리는지 아는 사람은 아무도 없었고,

사람들은 자연스럽게 외계인이 범인이라 의심하기 시작했다.

1991년 9월 9일 영국 신문 〈투데이 Today〉 1면에 자신들이 크롭 서클을 그렸음을 인정한 두 남자, 더그 바워 Doug Bower 와 데이브 콜리 Dave Chorley 에 대한 기사가 실렸다. 크롭 서클에 대해 콜리는 게릴라 아트의 한 형태라 여겼고, 바워는 단순한 장난으로 생각했다. 이들은 고도로 발달한 외계 광선 기술이 아니라 끝부분에 끈이 묶인 나무판자를 사용해 문양을 그렸다. 그들의 프로젝트로 인해 집단 히스테리가 번지자 비로소 두 사람은 사람들 앞에 나타나 사실을 고백해야겠다고 마음먹었다. 사기극이 폭로되기 전에 〈투데이〉는 심지어 유명 크롭 서클 전문가 팻 델가도 Pat Delgado 를 초청해 최근 그려진 크롭 서클을 자세히 살펴보았는데, 델가도는 그 크롭 서클이 외계인의 소행이라 선언했다.[1]

크롭 서클 열풍은 모두가 얼마나 필사적으로 외계인을 믿고 싶어 하는지, 그리고 우리가 외계인을 발견했다고 얼마나 쉽게 착각할 수 있는지를 상기시킨다. 외계 생명체가 역사상 가장 흥미진진하고 중요한 발견 대상이긴 하지만, 희망만 가득한 낙관주의는 종종 불충분한 증거를 받아들이게 한다. 외계인이 존재하길 바라는 마음을 부끄러워할 필요는 없다. 그러나 막연한 희망에 불과한 생각은 경계해야 한다.

진실은 저 멀리 있다

1999년 프랑스의 심층연구위원회 Comité d'Études Approfondies: COMETA 는 국방고등연구소에 소속된 몇몇 연구원들의 도움을 받아 두꺼운 보고서를 발행했다. 'COMETA 보고서'라고 불리는 이 문서에는 프랑스 상공에서 목격된 UFO를 평가하려는 시도가 담겨 있다. COMETA 보고서에서 대부분의 UFO 목격담은 간단하게 설명되었지만, 몇몇 목격담은 여전히 이해하기 힘들다는 결론이 나왔다.[2]

COMETA 보고서는 '프랑스 정부가 발행한 공식 보고서'가 아니지만(이 보고서에 관한 기사는 학술지가 아니라 연예계 뉴스가 실리는 잡지 〈VSD〉에 게재되었다) 흥미로운 읽을거리이긴 하다. 그런데 하늘에서 관찰하는 모든 현상을 해석할 수 없는 우리가 그런 목격담을 설명하면서 외계인 방문을 거론하는 것은 합리적일까?

2010년 외계지성체연구센터 Center for the Study of Extraterrestrial Intelligence 에서 개최된 공개회의에 참석한 다수의 미군 병사들이 UFO 목격담을 털어놓았다. 특히 미 공군 대위였던 로버트 살라스 Robert Salas 는 1967년 3월 말 맘스트롬 Malmstrom 공군 기지에서 UFO를 목격함과 동시에 핵 유도 통제 시스템이 비활성화되었다고 주장했다(그런데 이 사건을 뒷받침할 증거를 가진 또 다른 사람은 나타나지 않았다).[3]

여기서 한발 더 나아가 보자. 2014년 전 캐나다 국방장관 폴 헬리어 Paul Hellyer 는 〈러시아 투데이 Russia Today〉와의 인터뷰에서 1961년에 유럽 상공을 비행하는 물체가 발견된 사건을 안다고 진술하면서, 비행 물체를 외계 우주선으로 결론지었다. 헬리어는 외계인들이 지난 수천 년간 지구를 방문했으며 지구를 관리하는 인류에게서 그리 좋은 인상을 받지 못했다고 언급했다.[4]

미치광이들이 비행접시를 보고 내지르는 비명을 들을 때와 다르게, 군인과 정치인에게서 그런 소리를 들으면 어쩐지 더욱 공식적인 이야기로 들린다. 심지어 전 미국 대통령 지미 카터 Jimmy Carter 조차 UFO를 한 번 본 적 있다면서 당시 상황을 자세히 이야기했는데, 이러한 증언에는 웬만큼 신빙성이 있는 걸까?[5] 글쎄, 반드시 그런 것은 아니다.

정치인과 군인도 민간인과 같은 방식으로 하늘에서 이상한 물체를 목격한다. 그리고 민간인과 마찬가지로 자신이 원하는 대로 해석하기를 즐긴다. 정치인과 군인 입에서 나온 추측성 발언이 진실에 더 가까운 것은 아니며, 단지 정치인과 군인이라는 직업이 그들에게 권위를 부여할 뿐이다. 이를테면 지미 카터가 목격한 UFO는 금성으로 밝혀지면서 국가 최고 지도자조차도 타인을 오해하게 만들 수 있다는 사실이 증명되었다(지미 카터가 똑똑한 사람이었음은 잊지 말라).[6]

나는 외계인이 지구를 방문한다는 증거라면서 그런 사람들의 증언을 거론하는 음모론자들과 우연히 만난 적이 있다. 증언한 인물들의 권위를 빌려 내게 믿음을 심어주려는 것 같았던 그들의 행동은 일반적으로 음모론자가 우리에게 그래서는 안 된다고 강조하는 행동과 같았다. 외계인이 지구를 방문했다는 의견에 동의하는지에 따라 어느 정부 관리를 신뢰할지 결정하는 행위는 이러한 논의를 진행하는 합리적인 방식으로 보이지 않는다.

다수의 정부가 UFO 목격에 대한 세부 사항을 보관해온 것은 공공 기록물과 관련이 있는 문제다. 영국의 정보기관 수장들은 UFO를 조사하기 위해 1950년 비행접시연구조직Flying Saucer Working Party을 설립했고, 영국 국방정보본부Defence Intelligence Staff; DIS는 1997년부터 2000년까지 UFO 활동을 조사하는 프로젝트 컨다인Condign을 3년간 수행했다.[7]

다음으로, 네바다주 레이철Rachel 마을 근처에는 악명 높은 51구역이 있다. 이곳에는 아주 엄격하게 통제되는 군사 시설이 있으며 CIA는 56년 동안 이 시설이 존재조차 하지 않는다고 주장했다. 2019년 6월, '우리 모두를 막을 수 없다'라는 논리를 앞세우며 9월 20일에 51구역 군사 시설을 습격하자고 작성한 페이스북 서약서에 200만 명이 서명했을 정도로 51구역은 대단히 매력적인 공간이다.

이 사건은 인터넷에서 게임 방송을 중계하는 매티 로버츠Matty Roberts의 농담으로 시작되었는데, 그는 51구역 군사 시설에 사람들이 모여서 '나루토 달리기'(일본 만화 〈나루토〉에 등장하는 독특한 달리기 자세 - 옮긴이)를 한다면 시설을 지키는 군인들의 총알보다 빠르게 달려가 외계인을 볼 수 있을 것이라 말했다. '51구역 급습' 밈meme이 많은 이들 사이에 유행하며 번져나가자 미국 공군은 급습을 막기 위해 모든 형태의 무력을 동원할 수 있다면서 참석자들에게 경고했다.

다행스럽게도 3,000명이 넘지 않는 사람들이 레이철 마을에 실제로 나타났고, 이들 중 3분의 1만이 구역 출입구에 접근했는데 대부분은 셀카를 찍거나 경비원과 수다를 떨기 위해서였다. 출입 통제선을 넘은 몇몇 용감한 영혼(그리고 그곳에 소변을 본 용감한 얼간이 한 명)을 제외하면 아무도 체포당하거나 다치지 않았다.[8] 하지만 51구역에 얽힌 음모가 상당히 인기 있다는 사실은 사람들이 외계인의 존재 증거를 얼마나 간절하게 바라는지 보여준다.

그들은 무엇을 숨기고 있을까?

우리는 외계인을 보았다는 주장에 회의적으로 접근할 필요가 있다. 그리고 비밀을 지키는 정부에는 그들이 비밀을 가지고 있다는 증거만 있을 뿐이며, 그 비밀이 외계 생명체와 관련 있는 것은 아니라는 점을 기억해야 한다. 사실 정치인들 대부분은 일반 대중이 외계인 존재를 확인해달라고 외치고 있다는 것을 알고, 그에 관한 정보를 제공함으로써 얼마나 많은 유권자의 지지를 얻을 수 있는지도 안다. '외계인에 관한 은밀한 증거'가 정말 존재한다면 그 증거를 들고 대중 앞에 나서는 정치인은 앞으로 선거 결과를 걱정할 필요가 전혀 없을 것이다.

실제로 1996년 한 과학자 집단이 외계인을 발견했다고 하자 전미국 대통령 빌 클린턴Bill Clinton이 그들을 공개적으로 지지했고, 언론은 그 과학자들의 이야기에 주목했다.[9] 또 2017년에 칠레 정부 기관인 특이항공현상연구위원회Comité de Estudios de Fenómenos Aéreos Anómalos: CEFAA가 UFO를 식별할 수 있는 사람이 있는지 확인하려고 일부러 온라인에 UFO 영상을 공개했던 사건을 떠올려보자.[10] 비밀을 효과적으로 은폐하기는 쉽지 않다.

더욱이 정부는 실용적인 목적으로 UFO 관련 문서를 보관한다. 최근 몇 년간 UFO를 다루는 과거 기밀문서가 많이 공개되었는데, 이때 공개된 사진에는 행성 간 침공이 아닌 첩보와 보안 사항이 담겨 있다. 경쟁국이 자신들을 감시하는지 파악해야 하는 정부 입장에서 하늘 위 낯선 기술을 조사하는 일은 충분한 가치가 있다.

2006년 탐사보도 언론인 데이비드 클라크David Clarke가 정보자유법에 근거하여 문서 공개를 요청하자 DIS는 프로젝트 컨다인에 관한 파일을 기밀 해제했다. 이 파일을 통해 UFO가 실제로 존재하는 것은 분명하나 UFO가 나타나는 이유를 DIS가 다른 누구보다 더 많이 아는 것은 아니라는 내용이 드러났다.

심지어 비밀에 싸여 있었던 51구역도 2005년 제프리 리첼슨_{Jeffrey} Richelson의 정보 공개 요청에 따라 현재는 실체가 드러난 상태다. 요청이 처리되기까지 시간이 걸리긴 했지만, 2013년 CIA는 51구역의 존재를 인정했으며 그곳에서 무슨 일이 있었는지를 기록한 문건도 공개해야 했다.[11]

1994년에도 CIA에 51구역 관련 정보 공개 요청이 있었다. 당시 51구역 인근에 거주하는 주민들 다수가 군부대에서 주민 건강에 악영향을 미치는 화학물질을 사용하고 있다고 주장했다. 이에 관한 정보 공개 소송에서, 정부는 군사 기지에 관한 모든 정보가 기밀이며 정보 공개가 국가 안보를 위협할 수 있으므로 주민들의 요구대로 정보를 공개해서는 안 된다고 반박했다. 이때 필립 프로_{Philip Pro} 판사는 민간인의 정보 공개 요청에 찬성한다고 판결했지만, 부적절하게도 빌 클린턴 대통령이 개입하여 군사 기지에 면책특권을 부여한다고 재가했다.[12] 하지만 이후에 리첼슨의 요청은 받아들여졌고, 이제 우리는 51구역에서 실제로 어떠한 일이 일어나고 있는지 잘 알고 있다.

첫째, 그곳은 이제 51구역이라 불리지 않는다(1970년 이후로 그렇게 불리지 않았다). 공식 명칭은 호미 공항_{Homey Airport} 또는 그룸 레이크_{Groom Lake} 인근 에드워즈_{Edwards} 공군 기지 부대 3이다(다른 암호명이 존재할 수도 있지만, 저격당할지 모르기 때문에 너무 깊게 파고들고 싶지 않다).

에드워즈 공군 기지에서는 1973년에 처음으로 작전이 시작되었다. 군이 진행했던 것은 정찰 기술 개발로 가장 두드러진 성과가 옥스카트_{OXCART} 및 U-2기 개발이었다. U-2기는 외형이 상당히 독특한데, 해 질 무렵 낮게 비행하면 날개에서 반사되는 빛이 원반처럼 보인다는 점에 주목해야 한다. 아나 다를까, 그룸 레이크 지역에서 UFO를 목격했다는 보고는 U-2기 시험 비행을 시작한 무렵부터 급증했다.

공군 기지를 둘러싼 비밀이 많은 것도 그리 놀라운 일은 아니다. 개발하고 있는 기술에 대해 누군가가 알기를 원치 않은 군 당국은 비행 도중 비행기가 추락하는 경우를 대비하여 시험 비행에 참여하는 조종사들에게 기발한 변명거리를 제공했다. 시험 비행 조종사들은 비행기에 핵무기가 실려 있으니 모든 사람이 대피해야 한다고 지역 주민들에게 말하라고 지시받았으며, 실제로 1963년 5월 24일 조종사 켄 콜린스_{Ken Collins}가 385억 원짜리 비행기를 추락시키고 나서 그 변명을 써먹었다. 인근 지역 주민들은 핵폭탄이 주는 공포심에 대피했고, 그사이 51구역에서 파견된 팀이 사고 현장에서 추락한 비행기 잔해를 청소했으나 지금도 남은 잔해가 발견되고 있다.[13]

51구역이 은밀한 청소 작업과 이상한 비행 물체로 유명세를 치른 것은 당연한 결과다. 그런 일들은 실제로 진행되고 있었다. 그리고 빌 클린턴이 51구역의 화학물질 폐기에 관한 조사를 묵살해야 했던 이유는, 기지에서 사용하는 화학물질에 대한 정보만으로도 어떠한 실험을 진행하고 있는지 다른 나라에서 알아차릴 수 있기 때문이었다.

그건 새야... 아니, 비행기야

COMETA의 보고서와 DIS의 프로젝트 컨다인 보고서, 양쪽 모두에서 발견되었듯이 UFO는 실제로 존재한다. 그런데 여기서 반드시 기억해야 하지만 많은 이들이 쉽게 망각하는 것이 U가 '외계인'이 아닌 '미확인Unidentified'을 의미한다는 점이다.

정부가 UFO에 관한 파일을 가지고 있다는 사실이 인상적으로 들리는 이유는 'UFO'가 '외계인'과 동의어가 되었기 때문이다. 그런데 만약 우리가 UFO를 '실체가 알려지지 않은 하늘을 나는 물체'라고 부른다면, UFO는 더 이상 불길하게 느껴지지 않는다. 정부와 민간에게서 지원금을 받는 항공 감시팀이 하늘에서 이상한 물체를 늘 발견한다는 것은 놀라운 일이 아니다. 하늘은 불가사의한 존재다.

프로젝트 컨다인이나 오퍼레이션 블루 북Operation Blue Book(컨다인과 동일하나 미국에서 진행됨)과 같은 정부 주도 연구에서 UFO의 움직임을 심층적으로 분석한 결과, UFO가 어떠한 조종이나 안내 없이 무작위로 움직인다는 것이 밝혀졌다. 기본적으로는 다른 모든 이들이 그러듯이 정부도 UFO 문제로 쩔쩔매고 있다. 이 사실이 그리 놀랍지 않은 이유는 정의상 UFO가 우리 눈으로 식별할 수 없는 물체이기 때문이다.

UFO가 외계인이 탄 우주선이라고 주장하는 행위는 UFO를 식별하려는 것이므로 그렇게 주장하려면 해석 불가능한 관찰 내용이 아닌 마땅한 이유를 들어야 한다. 단순히 '하늘에서 이상하게 움직이는 물체를 보았다'라고 말하는 것만으로는 과학사에서 가장 대담한 주장을 관철하기에 근거가 부족하다.

목격한 UFO가 외계인이 방문한 것이라고 합리적으로 설명하려면 우선 일반적으로 발생하는 현상들을 제외해야 하지만, 이는 쉽지 않다. 내가 하고 싶은 말은, 아직 인류는 어떻게 번개가 치는지도 모르고 12시간 이후 날씨도 거의 예측할 수 없다. 하늘에 대해 충분히 알고 있으니 자연 현상을 UFO 출몰 원인에서 제외해도 된다는 발언은 아직 우리가 할 수 있는 말이 아니다.

예를 들어 구전ball lightning이라고 알려진 현상이 있는데, 이는 빛을 내는 플라스마 덩어리가 공기 중에서 획획 날아다니면서 구름 내에 형성된 전기장을 쫓아다니는 현상이다. 그리고 렌즈구름lenticular cloud은 구름이 원반 형태를 이루는 현상으로, 해 질 무렵에 간혹 노을빛을 받은 렌즈구름의 밑면이 빛나기도 한다. 또 신기루가 형성되면 대기 굴절로 인해 수평선 아래에 있는 물체가 수평선 위에 떠 있는 것처럼 보인다.

UFO 목격담을 해석하기 위해 그리 멀리 나갈 필요는 없다. 마파빛Marfa lights을 살펴보자. 1945년부터 2008년까지 텍사스주 마파 마을 근처에서 지평선을 가로질러 움직이는 신비한 빛 30여 개가 목격되었다. 2004년 물리학과 학생들이 진행한 연구를 통해 67번 도로를 비정상적인 각도로 운행하는 자동차 전조등인 것으로 밝혀지기 전까지, 그 빛들은 줄곧 미확인 빛으로 분류되었다.[14]

다음은 노스캐롤라이나주 브라운마운틴Brown Mountain에서 나타난 빛으로, 1913년 이후 수십 차례 관측된 그 빛은 미확인으로 분류되었다가 나중에 열차 전조등으로 밝혀졌다.[15]

우리의 신체 감각은 쉽게 착각을 일으키며 우리는 하늘에서 발생하는 현상들이 어떻게 일어나는지 거의 이해하지 못한다. 이를 고려하면 지구에 외계인이 도착했음을 주장하기는 아직 이르다.

한편 여러분은 스마트폰이 발명된 이후 UFO 목격 건수가 급격히 증가했으리라 생각할 것이다. 모든 사람이 휴대용 비디오 녹화 장치를 주머니에 넣고 다니는 상황에서 진정으로 하늘에 UFO가 많이 떠 있다면 그것은 늘 촬영되어야 한다. 하지만 실제로는 카메라 품질이 향상되면서 UFO 목격 건수가 낮아졌다. 흥미로운 결과다.[16]

UFO 목격이 절정에 달했던 시기는 1990년대 중반으로 가정용 비디오카메라가 인기를 끌었으나 화질은 여전히 좋지 않았던 때다. 품질에 의심이 가는 녹화 장비가 식별하기 어려운 비행 물체의 목격과 밀접하게 관련된 것은 이상하지 않다.

UFO는 실제로 존재하며 우리가 그것을 설명할 수 있는 방식은 두 가지 중 하나다. UFO는 우리가 결국 규명하지 못할 설명 불가능한 현상이거나, 아니면 빛에 가까운 속도로 수조 킬로미터를 날아와 도착한 지구에서 몇 분 동안 그저 하늘을 맴돌기만 하는 외계인 우주선이다. 그들의 방문은 헛수고인 듯싶다.

외계인이 우리와 접촉하기를 바란다면 밭의 농작물을 눕혀놓거나 대기 중을 맴도는 행동은 최선의 방법이 아니다. 자신의 존재를 알리려면 그들은 우리에게 분명한 신호를 보내야 할 것이다. 그런데 공교롭게도 그들은 이미 신호를 보냈는지 모른다.

와우!

1855년 지구로부터 약 1,000조 킬로미터 떨어진 궁수자리 타우Tau Sagittarii 구역에서 무언가가 라디오파를 발생시켰다. 100년이 넘는 시간 동안 차갑고 광활한 우주를 빛의 속도로 가로지른 이 전파는 마침내 1977년 8월 15일 지구 대기로 진입하여 오하이오주에 설치된 빅이어Big Ear 전파망원경에 잡혔다.

천문학자 제리 에만Jerry Ehman이 망원경에 무엇이 잡혔는지를 판독하기 위해 일주일간의 기록을 인쇄하기 전까지, 그 전파는 3일 동안 데이터 저장장치 속에서 조용히 잠자고 있었다. 8월 18일 에만은 부엌 식탁에 앉아 기록지에 적힌 숫자의 흐름을 읽다가 그 기록이 무엇을 의미하는지 깨닫고 깜짝 놀라 벌떡 일어섰다.[17]

전파의 신호 강도에는 0부터 9까지의 숫자가 할당되며, 9가 가장 강한 신호를 의미한다. 모든 별은 연속해서 라디오파 잡음을 발산하므로 망원경이 수신한 데이터는 대부분 1, 2, 3으로 연결된 끈처럼 보인다. 에만이 인쇄한 기록지에서 본 것은 1111116EQUJ5111111이었다. 신호가 너무 강렬하여 0-9 척도를 넘어서자 숫자 대신 문자로 기록된 것이다.

기록지에서 발견되는 A나 B와 같은 문자는 모든 천문학자에게 강한 흥미를 불러일으킨다. 그런데 U 수준의 전파 기록을 본다는 것은 듣도 보도 못한 일이었다. 넋이 나갈 만큼 놀란 에만은 빨간색 볼펜으로 문자에 동그라미를 치고 그 옆에 '와우!'라고 적었고, 그런 이유로 오늘날 그 신호는 '와우! 신호Wow! signal'로 불린다. 에만의 시선을 사로잡은 것은 신호의 세기뿐만이 아니었다. 와우! 신호에 해당하는 라디오파 주파수도 특별했다.

전자기파의 파장은 범위가 실질적으로 무한대인데, 어떤 전자기파 파장은 원자핵만큼 좁고 다른 전자기파 파장은 행성만큼 넓다. 이처럼 파장 범위가 넓다면, 항성계 사이에서 신호를 보낼 때는 어떤 파장의 전자기파를 사용해야 할까?

여러분은 X선 같은 고에너지 전파가 가장 좋다고 생각할지 모르지만, X선은 반사되어 나오기 쉽고 행성 대기를 거의 통과하지 못한다. 스펙트럼에서 X선의 반대편 끝에 있는 적외선과 마이크로파는 행성을 침투하기에 에너지가 너무 낮다. 만약 여러분이 행성 표면으로 신호를 보내고 싶다면, 가시광선이나 라디오파를 써야 한다.

그런데 가시광선에는 쉽게 차단된다는 분명한 한계가 있다. 원하는 장소로 가시광선을 보내려면 직선으로 나아가게 해야 하는데, 그러다 보면 달과 먼지구름처럼 작은 물체에도 가시광선은 흡수될 것이다. 반면 전자기장에서 파장이 긴 편인 라디오파는 어떤 경우 파장이 수 킬로미터일 정도로 길어서, 주위에 별다른 영향을 받지 않으며 물체를 통과하거나 물체 곁을 에돌아가면서 쉽게 퍼진다.

라디오파만 따져도 전송 가능한 파장 범위는 여전히 매우 넓으므로, 가장 실용적인 접근법은 우리가 감지할 가능성이 큰 파장에 초점을 맞추는 것이다. 가령 전자파 통신을 환히 꿰고 있을 정도로 똑똑한 외계 종족이라면 원주율(π)을 알기에 충분하며, 이 3.14159라는 숫자는 전 우주의 모든 존재에게 중요한 숫자이므로 초당 진동수가 3.14159인 주파수는 그들이 고를 법한 좋은 선택지 중 하나다.

외계인이 친숙하게 느낄 것이라 합리적으로 추정되는 또 다른 숫자는 1420.4메가헤르츠이다. 여러분 눈에는 중요하지 않게 보일지 모르지만, 이 숫자는 천문학을 잘 아는 사람이라면 누구나 바로 알아본다. 이것은 수소선hydrogen line이라 불리며 수소 원자가 초당 진동하는 횟수를 의미한다. 즉, 수소는 주파수 1420.4메가헤르츠인 라디오파를 방출한다.

더구나 은하의 모든 별은 1420.4메가헤르츠로 끊임없이 웅웅대고 있으므로, 이 배경 소음을 걸러내기는 쉽다. 만약 태양에서 방출되는 어떠한 전파보다도 강한 세기로 주파수 1420.4메가헤르츠인 전파가 도달한다면, 여러분은 그 전파에 주목해야 한다.

와우! 신호는 적어도 72초 동안 지속되었는데, 이는 빅이어 망원경이 잡아낸 신호의 지속 시간이었다. 난처하게도 밤에 전파가 도달한 탓에 망원경 방향을 바꾸는 사람이 아무도 없었고, 그런 이유로 신호가 실제로는 몇 시간을 계속 도달했다고 해도 우리는 정확한 신호 지속 시간을 알아낼 수 없다.

와우! 신호에서는 다른 항성계에서 인위적으로 생성해 의도적으로 전송한 전파라면 가질 것이라 예상되는 특성이 발견되었다(와우! 신호의 주파수는 1420.4메가헤르츠로 측정되었다 – 옮긴이). 그리고 우리는 이 신호를 단 한 차례 들었다. 만약 자연 발생한 현상이었다면, 이 신호는 방출하는 물체에서 생성될 때마다 지속적이거나 간헐적으로 나타나야 한다. 단 한 번 파동이 일었다는 사실이 섬뜩하다.

하지만 우리는 그와 정반대로 주장할 수도 있다. 만약 와우! 신호가 정말로 외계인의 정보기관이 의도적으로 보낸 것이었다면, 왜 단 한 번뿐일까? 현재까지 이런 식으로 도달한 전파는 와우! 신호가 유일하며, 이후에 과학자들이 면밀하게 관측했음에도 그 전파는 다시 관찰되지 않았다.

와우! 신호 관측 이후 수년 동안 많은 물리학자가 무엇이 그 신호를 발생시켰을지 설명했지만, 누구의 설명도 받아들여지지 않았다. 와우! 신호가 정말 궁수자리 종족이 보내는 신호였다면, 그 신호는 어쩌면 우리에게 보내려던 것은 아니었는지도 모른다.

우리 세계를 연구하는 외계인 과학자가 지구에서 방출되는 빛을 감지하고 1855년에 신호를 보냈다면, 지구에서 방출된 빛은 그로부터 122년 전인 1733년에 나온 것이지만 이때는 인류가 내연기관조차 발명하지 못한 시점이었다. 우리 쪽을 바라보는 외계인들은 기술적으로 진보한 종족이 출현한다는 어떠한 징후도 발견하지 못했을 것이다.

우리는 그 이후로 계속 신호에 귀를 기울이고 있지만 아무것도 관측하지 못했다. 궁수자리는 침묵을 지키고 있다.

그러나 우리는 2012년에 답장을 보냈다. 트위터 메시지 모음, 그리고 납치자들의 항문을 검사하는 외계인을 향해 투덜대는 코미디언 스티븐 콜베어 Stephen Colbert의 영상을 수소선으로 암호화하여 궁수자리 타우로 8월 15일에 송신했다. 이는 와우! 신호를 받은 지 35년 만의 일이었다.

궁수자리 종족이 거기에 있고 우리가 보내는 신호에 귀를 쫑긋 세우고 있다면, 그들은 2134년에 우리 메시지를 받고 우리는 그에 대한 답장을 2256년에 받을 것이며, 이는 아마도 우리 세계가 다른 세계와 주고받는 첫 번째 인사가 될 것이다. 항문 검사에 대한 답변도 받기를 기대한다.

화성에서 날아온 운석이 내 반려견을 증발시키다

1984년 12월 27일, 한 무리의 과학자들이 남극 앨런 Allan 구릉에 묻혀 있던 운석을 우연히 발견했다. ALH184001로 명명된 이 운석은 화성 출신으로, 생성된 시기는 1,700만 년 전이다. 아마도 화성에 큰 운석이 충돌하여 표면 암석이 떨어져 나오고, 그중 일부가 우주로 튕겨 나왔다가 이곳에 도착했을 것이다.

화성은 우리 태양의 골디락스 구역에 존재하며, 큰 운석이 충돌한 1,700만 년 전에는 액체 상태인 물로 채워진 바다가 있었으리라 추정된다. ALH184001 운석을 발견한 당시 사람들은 '이거 제법 멋진 걸'이라는 생각밖에 하지 않았으나, 그로부터 수년이 흐른 뒤 데이비드 맥케이David McKay가 이끄는 연구팀이 암석 파편을 분석하기 시작하자 파편 속에서 지구의 박테리아 화석과 유사해 보이는 벌레 형태의 흔적이 나왔다.[18]

앨런 구릉 운석 이야기는, 존 카펜터John Carpenter 감독이 연출한 SF 호러 영화로 외계인 우주선이 남극에 상륙하여 연구기지를 공포에 떨게 한다는 내용이 담긴 〈더 씽The Thing〉을 연상시킨다.[19] 다행히도 운석에서 발견된 '화성 생명체 화석'은 영화에 등장하는 자기 형태를 바꾸는 괴물이 아닌 몇 마이크로미터도 되지 않는 벌레와 닮았다. 그래도 정말 신기하다. 이는 앞에서도 언급한, 빌 클린턴 대통령이 외계 생명체가 발견되었다고 국제적으로 발표하는 사건의 계기가 되었다.

앨런 구릉 운석에만 그러한 화석의 흔적이 남아 있는 것은 아니다. 1865년 8월 25일 인도에 떨어진 셔고티Shergotty 운석에는 박테리아 생명체를 나타내는 구조가 포함되어 있다.[20] 그리고 1911년 6월 28일 이집트에서 개 위로 떨어지면서 그 개를 완전히 증발시킨 나클라Nakhla 운석도 마찬가지다(솔직히 말해 개가 죽는 순간을 목격한 사람은 단 한 명뿐이므로, 이 이야기는 사실이 아닐지 모른다). 이 운석에도 지구 박테리아 흔적과 유사한 화석에서 발견되는 독특한 성질 몇 가지가 있

다.[21]

일부 사람들은 앨런 구릉 운석에서 발견한 화석이 지구 박테리아가 만든 것일 수 있다고 제안했으나(즉 운석이 1,700만 년 전 지구에 떨어졌다는 의미다) 셔고티 운석과 나클라 운석은 그리 쉽게 단정할 수 없다. 두 운석의 생성 연대는 고대 박테리아가 활동하던 1,700만 년 전이 아니기 때문이다. 두 운석 속에 특이한 벌레 형상을 남긴 것이 무엇이든 간에, 그 흔적은 지구가 아닌 화성 표면에서 발생한 듯 보인다.

이들 화석은 외계 생명체가 존재한다는 결정적인 증거가 될 수 없다. 다수의 과학자는 화성에서 분출된 마그마가 식어 암석이 되는 도중에 알려지지 않은 결정화 과정을 거치면서 그런 형상이 남았을 수 있다고 주장했다. 이 글을 쓰는 현재, 논의는 아직 끝나지 않았다. 그 화석들은 운석 속에 남은 어렴풋한 형상이며 그런 흔적으로는 외계 생명체의 존재 유무를 증명하지 못한다.

고리를 만들다!

우리 종족은 에너지를 대부분 비효율적으로 얻는다. 태양은 풍부하고 강렬한 빛으로 지구를 감싸고, 식물은 그 빛을 수확한다. 식물이 죽어서 땅에 묻히면 압력을 받아 탄소 밀도가 높은 광물로 변한다. 그리고 우리는 놀랄 만큼 귀중한 그 화학 원료를 뽑아내서 태운다.

우리는 엔진을 가동하기 위해 직접 가열하거나 보일러를 데우는데, 보일러 증기가 구리선으로 만든 코일 속 자석을 돌려 전류를 발생시킨다. 이것이 모든 일을 발생시키는 원동력이다. 우리는 자동차, 엔진, 기계 장치, 전기 장치에 필요한 모든 에너지를 죽은 식물과 약간의 어류를 태워 얻는다.

화석연료는 오염 물질을 생성한다. 그리고 독성이 있다. 화석연료가 지구 대기의 화학 균형을 깨뜨리고 있으며 이에 관한 압도적인 증거가 있음에도, 여러분은 기후 붕괴에 직면한다는 것을 확신하지 못한다. 하지만 화석연료에 관한 확실한 사실도 하나 있는데, 화석연료는 언젠가 고갈할 것이다. 지금과 같은 행동은 어리석은 짓이다.

태양이 우리가 사는 곳 가까이에 앉아 전 세계에 전력을 공급하기에 충분한 에너지를 지구에 쏟아붓고 있으므로, 만약 죽은 식물에 의존하는 대신 태양 에너지를 직접 사용할 방법을 찾는다면 우리는 화석연료에 관한 모든 문제를 더는 걱정할 필요가 없을 것이다. 다른 외계 종족들도 같은 결론에 도달했을 가능성이 높다.

외계 종족도 식물 내에 갇힌 에너지를 사용했다면 우리와 똑같은 위기에 직면했을 것이다. 태양 에너지를 이용하는 방법을 알아내지 못한 외계 종족은 아마도 우리와 접촉할 만큼 오래 살아남지 못할 것이다. 그래서 그들은 지구의 SF 작가들이 도출한 것과 동일한 해결책을 생각해냈을지 모른다. 태양열을 이용하기 위해 우주에 거대한 구조물을 건설하는 방법이다.

이 아이디어는 프리먼 다이슨이 처음 제안한 것으로 커다란 고리와 구형 구조가 배열된 구조물이며 '다이슨 구조Dyson structure'라는 별칭이 붙었다. 사실 우리가 그런 구조물을 직접 짓기까지는 그리 오랜 시간이 걸리지 않을지 모른다. 2018년 10월, 중국 청두 항공우주 과학기술 마이크로일렉트로닉스 시스템 연구소 대표 우춘펑武春風은 인공 달을 만들겠다는 계획을 발표했다.

중국 연구소가 낸 아이디어는 거대한 거울 세 개를 만들어 중국 청두시 상공 500킬로미터(국제우주정거장보다 약간 높은 지점) 궤도에 진입시키는 것이다. 우주 거울은 태양광을 지표면으로 반사해 달보다 여덟 배 밝은 빛으로 도시를 비추리라 예상되는데, 이는 화석연료 사용량을 줄일 뿐만 아니라 거리 조명에 투입되는 비용 중 연간 1,900억 원을 절감할 것이다.[22] 외계인들도 이와 비슷한 아이디어를 낼 수 있었을까?

2015년 천문학자 타베타 보야잔Tabetha Boyajian이 거대한 물체가 그 주위를 일정한 시간 간격을 두고 공전하는 것처럼 규칙적으로 희미해지는 항성 KIC 8462852에 관한 자료를 발표했을 때, 우리는 다이슨 구조를 발견한 것인지 모른다고 잠시 생각했다.[23] 언론도 그러한 내용으로 보도했지만, 정작 보야잔은 다이슨 발견에 회의적인 입장이었다. 그리고 바로 자신의 가설을 반증하려 했다(보야잔은 훌륭한 과학자다). KIC 8462852가 희미해질 때 빛은 완벽하게 차단되지 않았으며 그런 빛 차단은 고체 물질에 의한 효과인 것으로 드러났고, 따라서 가장 가능성 높은 원인 후보로 우주 먼지가 거론되었다.[24] 또한 번 우주 먼지다.

지금까지 아무도 다이슨 구조를 발견하지 못했고, 아무도 명확한 전파를 잡아내지 못했으며, 아무도 모호하지 않은 외계 생명체 화석이나 사체를 찾지 못했다. 누군가가 지구 밖에 있다면, 그들은 조용히 숨을 죽이고 있다. 우주에 대해 더 알고 싶다면 우리가 직접 찾아나서야 한다는 의미다.

그러므로 나는 이 책의 마지막 장에서 우리에게 생명체를 보내는 우주가 아닌, 우주로 생명체를 보내기 위해 우리가 할 수 있는 일을 조사하려 한다.

10장

대담하게
나아가다

사실, 이것은 로켓 과학이다

로켓은 중국에서 최초로 발명되었는데, 서기 1000년경 당복唐福이 군사 및 불꽃놀이 목적으로 만든 것으로 추정된다.[1] 대부분의 로켓은 기본적으로 발사체에서 동력을 공급받아 작동하는데, 그 발사체에 투입된 에너지 높은 화학물질은 산소와 섞인다. 주기율표에서 반응성이 높은 원소인 산소는 화학자들이 산화라 일컫는, 흔히 폭발로 알려진 과정을 통해 격렬하게 반응하면서 화학물질에 저장된 에너지를 방출시킨다.

한쪽에 구멍이 뚫린 단단한 통 안에서 이 같은 폭발 반응이 일어나며 구멍으로 공기가 새어 나가면, 뉴턴 제3법칙에 의해 같은 세기의 힘이 발생해 구멍의 반대 방향으로 통을 밀기 시작한다. 여러분은 이 통이 위를 향해 날아가도록 해주기만 하면 된다.

1944년 독일 물리학자 베른헤르 폰 브라운Wernher von Braun이 우주에 도달 가능한 로켓 V-2를 만들었다. 이름에서 V는 '보복 무기'를 의미하는 독일어 Vergeltungswaffen의 앞 글자다. 나치는 3,000곳이 넘는 도시를 향해 V-2를 발사했는데 폰 브라운의 로켓 디자인은 상당히 효율적이었으며 현대 로켓 구조에서 크게 벗어나지 않았다.

기본 구조는 자동차 내연기관과 별반 다르지 않다. 첫째, 다량의 연료로 가득 채울 통이 필요하다. 폰 브라운은 연료로 알코올과 물을 썼다. 오늘날에는 우주 관련 기관에서 일반적으로 등유나 액체수소를 사용하는데, 이 두 물질을 산소 조건에서 태우면 부산물로 물이 만들어진다.

둘째, 연료와 산소가 혼합되는 통과 산소 탱크가 필요하다. 셋째, 한쪽 끝에 노즐이 달린 연소실은 무엇보다 중요한 구조로 이곳에서 폭발력이 발생한다. 연료와 산소 혼합물에 불을 붙이면 로켓이 하늘을 향해 발사된다.

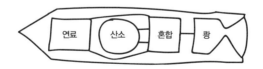

로켓에서 폭발 반응은 반드시 신중하게 제어되어야 하며 혹시 사소한 오류라도 발생하면 발사는 실패로 돌아갈 수 있다. 1970년 4월 14일 지구로부터 33만 킬로미터 떨어진 지점에서 선체 일부가 폭발하여 달 착륙 임무를 수행하지 못한 아폴로 13호가 이를 완벽하게 증명한다.

이 사고는 누구도 만회할 수 없었던 사소하고 불운한 일들이 겹친 결과다. 우선, 산소 탱크 중 하나가 이전에 아폴로 10호 임무에 쓰이고 이송되는 도중 떨어졌는데 떨어진 높이는 5센티미터도 되지 않았다. 겉으로 봐서는 전부 괜찮아 보였지만 낙하 당시의 충격으로 탱크를 충전하는 관이 빠졌다. 이 관은 탱크 중앙에 연결되어 산소를 공급하거나 빼낸다.

로켓 테스트에 사용된 탱크 안의 자동 가열기는 탱크 속 과잉 산소를 태우도록 설계되었다. 그 가열기 전원은 28볼트에서 작동하지만, 케네디 우주 센터Kennedy Space Center에서는 65볼트를 사용하고 있었다. 그로 인해 전원 회로에 과부하가 발생하여 아무도 알아차리지 못한 상태로 가열기가 점점 뜨거워졌다. 가열기는 총 여덟 시간 동안 켜져 있었고, 그사이 내부 온도는 540도까지 치솟아 탱크에 설치된 교반 날개에 동력을 공급하는 전선의 테플론 코팅이 녹았다.

56시간 후 우주비행사들은 탱크 안에 주입된 액체산소를 사용할 준비를 하기 위해 그 교반 날개를 작동시켰다. 그러자 순수한 산소가 흘러나오는 탱크 속에서 서로 접촉하는 전선들 사이에 합선이 일어나면서 불꽃이 튀고…… 쾅! 폭발이 일어났다.[2]

이 우주선을 조종한 잭 스위거트Jack Swigert는 즉시 휴스턴 관제소에 무선통신을 연결하고 매우 침착하게 "여기 문제가 생긴 것 같다"라고 말했다. 8초 후 지상 통제소의 잭 루스마Jack Lousma가 스위거트에게 메시지를 반복해달라고 요청했고, 다른 우주비행사 중 한 명인 짐 러벌Jim Lovell이 "오, 휴스턴, 문제가 생겼다"라고 대답했다. 세 번째 우주비행사인 프레드 헤이즈Fred Haise는 좀 더 상세하게 설명했다. "우주선에서 굉장히 큰 폭발이 일어났다." 그리고 덧붙여 말했다. "우주선이 우주로 무언가를 분출하고 있다. 일종의 기체다."[3]

이런 상황에서 세 명의 우주비행사가 침착한 태도를 유지했다는 점에 여러분은 감탄해야 한다. 내가 비행사였다면 "오, 맙소사! 설마 %£$#@! 로켓이 %£'@~#* 폭발했어!"라는 말을 남겼겠으나, 애초에 적합한 자질을 갖추지 못한 사람은 NASA 우주비행사가 될 수 없다.

잔혹한 수학

로켓 과학이 이토록 복잡한 것으로 정평이 나 있는 이유에는 여러

가지가 있다. 첫째, 외부 힘이 간섭하지 않는 한 물체는 영원히 등속 직선 운동을 한다는 뉴턴 제1법칙에 따라 우주의 모든 물체는 항상 움직이고 있다.

지구에서는 어떤 물체를 밀면 마찰과 공기저항을 받아 물체가 결국 멈추지만, 우주에서는 영원히 움직인다. 따라서 우리 대기권 밖에서는 어떠한 물체도 가만히 멈춰 있지 않으므로 여러분은 모든 것이 원을 그리며 회전한다는 점뿐만 아니라 계속 움직인다는 점도 고려해야 한다.

아이작 뉴턴은 거대한 대포를 만들어 대포알을 발사하면 세계 일주도 가능할 것이라 상상하면서, 물체를 궤도에 올려놓을 수 있는 아이디어를 제안했다. 대포알은 추진력에 의해 일직선으로 나아가려 하지만 대포알을 끌어당기는 중력에 의해 포물선을 그리게 된다.

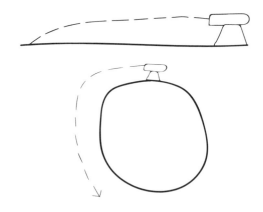

대포알은 추진력이 강할수록 멀리 나아갈 수 있다. 그러므로 일단 땅으로 대포알이 추락하면 더 강한 힘을 가해 전보다 더욱 먼 지점으로 떨어지도록 반복해서 발사한다.

이것이 우주비행사가 우주에서 무중력 상태를 경험하는 이유다. 중력이 없어서가 아니라 그들이 탑승한 우주선이 추진력을 받아 일직선으로 움직이려 하기 때문이며, 이때도 지구 중력은 우주비행사를 아래쪽으로 끌어당긴다. 실제로 우주비행사는 공중에 떠 있는 것이 아니라 추락하고 있다. 단지 우주선이 추락하려 할 때마다 지구가 그 길에서 비켜나 있는 덕분에 지표면에 부딪히지 않는 것이다.

더구나 로켓 과학은 앞의 그림처럼 2차원에서 일어나는 과정이 아니다. 3차원 공간에서 진행된다. 음, 실제로는 3+1차원 시공간에서다. 그리고 놀랍게도 3+1차원이 전부가 아니다. 대다수 로켓 과학자가 세 개가 아닌 여섯 개의 공간 차원을 두고 연구하기를 선호하기 때문이다.

우주에 있는 모든 물체는 위치 좌표뿐 아니라 운동량으로도 설명해야 하고, 로켓의 경우 각각의 방향으로 어떻게 움직이고 있는지 구체적으로 명시해야 한다. 로켓 과학자들은 움직이는 로켓 주위에 세 개의 '운동량 축'이 있다고 간주한다. 즉 로켓의 속도가 변화하면, 각 지점에 로켓이 취할 수 있는 운동량이 할당된 가상 공간인 '운동량 공간'에서 로켓의 위치가 바뀌었다고 말한다.

다음으로는 변수를 고려해야 한다. 로켓을 우주로 보내려면 일정량의 연료를 태워야 하는데, 연료에는 질량이 있으므로 연료를 많이 실을수록 로켓은 점점 무거워지며 그럴수록 로켓은 더 많은 연료가 필요해진다. 로켓이 무거워질수록 많은 연료가 필요하고 그로 인해 더 무거워지는 악순환 탓에 로켓이 영원히 발사되지 못할 것처럼 보일 것이다. 그러나 한편으로는 로켓이 하늘을 향해 날면서 연료를 태우면 질량이 줄어들어 더 높이 솟아오르게 된다.

로켓 과학은 개념을 떠올리기가 끈 이론이나 루프 양자 중력만큼 어렵지는 않을 수 있으나, 모든 것이 끊임없이 변화하기 때문에 관련된 수학은 훨씬 복잡하다. 그래서 로켓 발사는 실패로 돌아가기가 매우 쉽다.

1999년 NASA가 화성 대기를 관측하기 위해 1,353억 원을 들여 발사한 탐사선인 '화성 기후 궤도선Mars Climate Orbiter'이 추락한 사건만큼 로켓 과학의 어려움을 잘 보여주는 사례는 없다. 심의위원회가 추락 당시 무슨 일이 있었는지 조사한 결과, 반동 추진 엔진을 제어하는 소프트웨어 속 두 줄의 코드가 범인이었다. 항해운용팀은 센티미터 단위를 기준으로 작업했으나, 탐사선을 만든 도급업체는 인치 단위를 사용했다.[4]

한편으로, 우주 계획을 원하는 사람은 누구일까? 어떤 사람들은 지구에 시급히 해결해야 할 문제가 남은 상황에 태양계 탐사는 돈

낭비라고 주장한다. 화성의 공기가 어떤지 밝히기 위해 사용하는 돈으로 1,353억 원은 상당히 큰 액수다. 나는 이러한 의견에 반대하는 편에 섰으며, 다음 몇 단락을 할애하여 최선을 다해 그 이유를 설명할 것이다.

충돌 코스

1998년 마이클 베이Michael Bay가 연출한 SF 서사시 〈아마겟돈Armageddon〉에서 NASA는 지구를 향해 다가오는 소행성이 박테리아를 포함한 모든 생명체를 전멸시키리라는 것을 알아냈다. 그들은 어떤 해결책을 냈을까? 브루스 윌리스Bruce Willis와 석유 굴착업자들을 소행성으로 보낸 다음 소행성 내부에 핵폭탄을 터뜨리게 한다.[5] 이런 면에서 SF 영화가 다른 장르의 영화보다 낫다.

영화가 개봉한 이후 인터넷에 퍼진 전설적인 이야기에 따르면, NASA는 관리부서 훈련 과정에서 직원들이 얼마나 많은 과학적 부정확성을 발견하는지 확인하는 목적으로 〈아마겟돈〉을 활용하기 시작했다고 한다. 아쉽게도 이 이야기는 허구인 것으로 판명되었으나 〈아마겟돈〉이 소행성에 관한 대중의 인식을 크게 높인 결과 정부가 많은 사람의 우려에 공식적으로 대응해야만 했다는 점은 진실이다.

1998년 5월 21일 미국 하원 항공우주과학 소위원회The US House of Representatives Science Subcommittee on Space and Aeronautics가 우주 연구를 향한 대중의 우려를 해결하기 위해 모였다. 소위원회는 우주가 지구에 가하는 위협에 대해 정부가 심각하게 받아들이기를 많은 사람이 원한다고 결론지었다. 이는 과학에 대한 대중의 인식을 높이는 과정에 마이클 베이의 〈아마겟돈〉이 역사상 어떠한 영화보다 더 많은 일을 해냈음을 의미했다. 영화 〈트랜스포머Transformers〉는 어떤지 궁금하지 않은가?

기억해야 할 중요한 점은, 우주가 행성이 존재하기에 위험한 장소라는 것이다. 6,500만 년 전에 길이 10킬로미터도 안 되는 운석 조각이 현재 지구의 멕시코만 이남 지역을 강타했고, 그 충격으로 오늘날 유카탄반도 아래에 폭 180킬로미터, 깊이 20킬로미터인 분화구가 형성되었다. 그 운석과의 충돌로 지구의 절반이 쑥대밭으로 변했을 뿐만 아니라, 거대한 잿기둥이 솟아올라 몇 년 동안 햇빛이 차단되었으며, 그로 인해 식물과 먹이 사슬에서 식물 다음 단계를 차지하는 생명체 대부분이 죽었다.

이 같은 충돌은 늘 일어나고 있으나 끊임없이 변화하는 지구 지각판과 기상 체계가 충돌 증거를 지워서 우리의 감각을 무디게 만든다. 그러나 달 표면에 그려진 아름다운 흔적을 흘긋 볼 때마다 우리는 우주가 사격장임을 새삼 깨닫는다. 달에 새겨진 저 예쁜 무늬들은 장식이 아닌 전투의 상처다.

태양계 주위를 돌아다니는 거대 물체는 목성 쪽으로 끌려갈 가능성이 높으므로, 대부분의 경우 지구는 운이 좋다. 하지만 큰 바위 조각이 우리를 향해 날아오는 상황에 목성이 적당한 위치에 있지 않다면 지구는 심각한 위기에 직면할 것이다.

지구는 평균적으로 18일마다 운석과 충돌한다. 이러한 충돌 대부분은 다행히도 규모가 작으며, 역사상 최근에 일어난 가장 큰 충돌은 폭 190미터 암석 덩어리가 시베리아 동부 상공을 통과하여 면적 2,000제곱킬로미터에 해당하는 숲을 파괴한 툰구스카_{Tunguska} 사건(1908년 6월 30일)으로 추정된다.[6] 통계에 따르면 공룡이 전멸한 당시만큼 큰 소행성은 5,000만 년마다 지구와 충돌한다. 지난 대충돌 이후 6,500만 년이 흘렀으니, 다시 한번 세계를 종말로 몰고 갈 강력한 충돌이 발생하는 기한은 이미 지난 것일까?

일부 천체물리학자에 따르면 소행성 잔해가 태양계에서 제거된 덕분에 오늘날 지구가 거대 소행성에 부딪힐 위험성은 과거보다 낮다고 한다. 달 표면에 남은 모든 흔적은 태양계가 형성되고 있을 때 만들어진 것이며 그 이후로는 변화가 없었다.

다른 천체물리학자들은 소행성이 행성에 비해 크기가 작아 발견하기 더 어려우므로 그런 식의 해석은 옳지 않다고 주장해왔다. 소행성이 언제든 궤도를 벗어나 우리가 예측할 수 없는 방향으로 질주할 수 있다는 사실은 말할 필요도 없다.

현재 지구 가까이에 있는 소행성을 감시하는 기관은 단 한 곳, 매사추세츠주 소행성 센터Minor Planet Center뿐이다. 이 기관에서는 소행성 위치를 매일 업데이트하고 소행성이 따를 가능성 있는 궤적을 기록한다.

고려해야 할 변수가 너무 많은 데다, 현재 900개나 되는 소행성이 잠재적인 충돌 가능성이 있는 '진입 위험표Sentry Risk Table'상에 놓여 있으므로 정확한 충돌을 예측하기는 어렵다. 반가운 소식은 우리가 현재 아는 소행성은 대부분 위험성이 낮다는 것이다. 진입 위험표를 직접 확인하고 싶은 사람은 웹사이트 https://cneos.jpl.nasa.gov/sentry/를 방문하면 된다.

세상의 파괴자

소행성 충돌 위험이 너무 낮아서 걱정할 필요가 없다는 판단은 분명 합리적이다. 나는 개인적으로 인류가 세상의 종말에 관해서는 신중하게 접근해야 한다고 생각하지만, 이와 반대인 입장도 이해가 간다. 그럼에도 지구를 파괴할 다른 여러 방법이 우주에 있다는 사실은 언급할 가치가 충분히 있다.

감마선 폭발이라 부르는 현상을 통해 고에너지 방사선을 방출하는 강력한 초신성은 수백만 년마다 태어난다. 그중 수천 광년 거리 내에 있는 초신성은 지구 오존층을 분해하여 암을 유발하는 태양 자외선에 우리를 노출시킬 수 있다. 감마선 폭발은 4억 4,000만 년 전에 일어난 첫 번째 대량 멸종 사건의 원인으로 추정된다.[7]

자신이 속한 항성계에서 빠져나와 은하계를 홀로 떠다니는 떠돌이 행성도 위험하다. 이들 중 하나가 우리 태양계에 들어오면 지구를 포함한 다른 행성들을 중력으로 끌어당겨 궤도에서 벗어나게 할 것이다.

또 '우리를 죽이지는 않지만 세계를 완전히 망쳐놓는다'는 측면에서 코로나 질량 방출coronal mass ejection도 위협적이다. 이는 태양 표면이 전하를 띤 다량의 입자를 지구에 방출하는 현상으로 우리가 사용하는 전자 기기에 악영향을 미친다. 대규모로 발생하여 지구를 강타한 코로나 질량 방출은 1859년이 마지막으로, 이 마지막 사건은 방출된 입자가 지구에 도달하기 직전에 태양 표면에서 그 폭발 현상을 관측한 천문학자 리처드 캐링턴Richard Carrington의 이름을 따서 캐링턴 사건이라 부른다. 당시에는 큰 혼란이 일어나지 않았으나 GPS, 인터넷, 은행 기록, 주식시장, 전력망을 동시에 잃는다고 상상하면 그리 유쾌하지 않다.

그런데 우리가 처한 환경의 안정성을 비관적으로 보는 전망이 점점 늘어난다. 금세기 말까지 인구수는 100억 명을 돌파할 예정이지만 기후 붕괴가 사람이 거주하고 농사지을 수 있는 지역을 더욱 척박하게 만든다. 간단히 말해 인구수는 늘어나고, 공간은 줄어든다. 이미 대기 중으로 방출된 이산화탄소가 서서히 지구 바다로 융해되어 바닷물을 산성화하고 식물성 플랑크톤을 죽이면서(우리가 마시는 산소의 50~85퍼센트를 식물성 플랑크톤이 생산한다) 지구 생명체가 살기 어려워진 것은 분명하다.

이것으로 여러분이 걱정하기에 아직 충분하지 않다면 태양이 팽창하여 결국 우리를 활활 태워 재로 만드는 머나먼 미래를 생각해보자. 어떻게 보더라도 지구는 영원하지 않으며 인류의 수호천사인 브루스 윌리스도 영원히 살지 않는다. 영화〈지구가 멈추는 날The Day the Earth Stood Still〉처럼 갑자기 지구에 나타나 인류가 멸종되지 않도록 구하려는 자비로운 외계인이 없다면, 우리는 언급한 문제들을 스스로 해결해야 하며 그런 까닭에 우주 프로그램이 필요한 것이다.[8]

우리는 지구가 위험에 빠진 상황에서 살아남는 데 도움이 될 기술을 개발하고 지식을 습득해야 한다. 버즈 올드린Buzz Aldrin의 말대로 "탐사하지 않으면, 우리는 소멸한다".[9]

미국 정부는 현재 NASA 연구에 1년간 23조 원을 쓰고 있다. 이 비용이 어마어마한 액수로 보일 수 있겠지만 미국 국민이 음식을 포장해 먹는 비용이 매년 230조 원이라는 사실을 기억하자.[10] 그렇다. 지구상에는 재정적으로 신경 써야 하는 사항들이 상당히 많이 남아 있다. 하지만 우주에서 비롯한 문제 상황에 도전하고 지구 전체를 위험에 빠뜨릴 문제를 해결하는 준비를 하지 않는다면, 지구는 이대로 남아 있지 않을 것이다.

나는 이 모든 이야기가 암울하고 비극적으로 들린다는 것을 알지만 두렵지는 않다. 과학은 우리가 문제를 발견할 때뿐만 아니라 유망한 해결책을 도출할 때도 사용하는 도구다.

우리가 가는 그곳에는 로켓이 필요 없다

로켓은 궤도에 올라 지구형 행성에 도달하는 좋은 방법이지만, 태양계 너머로 탐사하기에는 너무 느리다. 명왕성에 도착하는 데 9년이 걸린 뉴허라이즌스New Horizons 탐사선은 58,000km/h 속도로 날아갔다. 이 속도로는 우리 태양계를 지나 알파 센타우리에 도달하기까지 7,800년이 소요될 것이다. 우주를 제대로 탐험하고 싶다면, 우주항해에 새로운 방식으로 접근해야 한다.

가장 효율적인 방식은 다름 아닌 1608년 요하네스 케플러가 제안한 아이디어였다. 그는 미래에 우주선이 태양 돛을 단 형태로 설계되어 바람이 아닌 태양광 에너지로 움직일 것이라 말했다.[11] 정말 좋은 아이디어다. 그리하여…… 우리는 그것을 만들었다.

2019년 6월 26일 일론 머스크Elon Musk가 설립한 기업 스페이스 XSpaceX는 라이트 세일LightSail 2호를 발사했다. 펼치면 넓이가 스쿼시 코트만큼 크지만 두께는 사람 머리카락보다 얇은 태양광 돛을 장착한 이 인공위성은 무게가 5킬로그램밖에 되지 않는다. 이 태양광 돛은 태양 에너지를 흡수하면서 빛에 가까워지거나 멀어지는 식으로 고도를 맞추고, 추가적인 연료 투입 없이도 이동하며 항로를 변경할 수 있다.[12]

더욱 흥미진진한 일은 러시아 억만장자 유리 밀너Yuri Milner가 꿈을 이루기 위해 프로젝트 브레이크스루 스타샷Breakthrough Starshot에 1,000억 원을 투자한 것이다. 이 프로젝트는 태양광 돛 기술을 활용하여 7,800년이 아닌 20년 뒤 알파 센타우리에 도착할 계획으로, 이때 발사하는 우주선은 빛의 속도의 4퍼센트로 날아간다.

태양광 돛을 단 우주선이 태양에서 너무 멀리 떨어지면 충분한 에너지를 얻지 못할 것이다. 그래서 밀너와 그의 동료들은 아타카마 사막에 폭 800미터짜리 10기가와트급 레이저를 만들어 우주선에 추진력을 제공할 것이라고 말한다.[13]

이 계획이 멋있게 느껴지지 않는다면, 이번에는 물리학자가 낸 훨씬 기상천외한 아이디어를 소개하겠다. 알쿠비에레 항법Alcubierre drive

이라고 부르는 이 아이디어는 빛의 속도 장벽을 완전히 무너뜨릴지 모른다.

이 항법의 원리는 멕시코의 물리학자 미겔 알쿠비에레Miguel Alcubierre가 고안했다. 그는 어렸을 적에 〈스타 트렉〉을 시청하면서 엔터프라이즈 승무원들을 빛보다 빠르게 이동하게 해주는 '워프 항법warp drive'을 접했다. 〈스타 트렉〉 작가들은 멋있게 들린다는 이유로 항법의 이름을 워프라고 지었지만, 알쿠비에레의 마음속에는 빛보다 더 빠르게 이동하려면 무언가가 뒤틀려야 한다는 개념이 자리 잡았고('warp'에는 틀어진다는 의미가 있다 – 옮긴이), 이 생각은 그가 카디프 대학교에서 물리학 박사 학위를 마칠 때까지 남아 있었다.[14]

알쿠비에레는 일반상대성이론의 시공간 곡률을 알게 되자, 이것이 빛의 속도 문제에 허점으로 작용하지는 않을까 하는 의문이 들었다. 물리학 법칙에서는 무언가가 빛보다 빠르게 시공간을 움직이는 것이 허용되지 않는다. 하지만 만약 우주선이 전혀 움직이지 않는다면 어떨까?

알쿠비에레는 우주선 앞에서는 시공간이 수축하고 뒤에서는 시공간이 팽창하여, 우주선 앞쪽 끝에는 중력장이 형성되고 뒤쪽 끝에는 반중력장이 형성되는 시나리오를 제시했다. 우주선은 전혀 움직이지 않고 주위 시공간만 뒤틀리기 때문에 빛의 속도에 접근하는 문제를 걱정할 필요가 없다. 여러분 주위에서 우주가 움직인다.

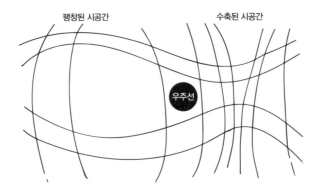

팽창된 시공간　　　　　　수축된 시공간

우주선

SF소설처럼 들리지만, NASA가 알쿠비에레의 아이디어를 검토하여 그 개념이 타당하다는 것을 확인했다. 알쿠비에레 항법은 SF소설이 과학적 사실에 영감을 준 훌륭한 사례이다. 해럴드 화이트Harold White가 이끄는 제트추진연구소Jet Propulsion Lab는 우리가 우주선 주위에 어떻게든 중력장와 반중력장을 만들어낸다면 빛보다 빠른 여행이 실제로 가능하리라 결론지었다.[15]

우주에서 살아남기

1947년 2월 20일 미국 과학자들은 우주 방사선이 생명체를 구성하는 조직에 어떠한 영향을 미치는지 관찰하기 위해 살아 있는 유기체를 최초로 우주에 보냈다. 그들은 독일에서 입수한 V-2 로켓에 초파리를 실은 다음 화이트샌즈 미사일 시험장White Sands Missile Range에서 발사하여 고도 109킬로미터까지 올려보낸 뒤에 낙하산을 펼쳐 지구에 착륙시켰다.

지구에 도착한 초파리는 유전적으로 이상한 징후가 전혀 없는 멀쩡한 상태로 보였다. 그래서 과학자들은 다른 생물체들도 우주로 보내면서 한계에 도전하기 시작했다. 1948년에 그들은 앨버트Albert라는 이름의 붉은털원숭이를 보냈는데, 앨버트는 고도 63킬로미터에 도달하자 안타깝게도 질식사했다. 그의 후임 앨버트 2세는 우주에 도착했으나(고도 134킬로미터) 로켓에서 낙하산이 펼쳐지지 않아 죽었다.

그 후 수년간 미국과 소련은 원숭이, 쥐, 개 몇 마리를 우주로 보냈다. 여기에는 스푸트니크Sputnik 2호에 탑승하여 최초로 지구 궤도에 진입했으나 돌아오기 전에 높은 온도로 목숨을 잃은 개 라이카Laika도 포함된다.[16]

1961년 4월 12일 소련이 인류 최초의 우주인 유리 가가린Yuri Gagarin을 우주로 보내자, 미국은 1969년 7월 20일 우주인을 달로 보내면서 소련보다 한발 앞서 나갔다. 지금까지 달 표면을 걸어본 사람은 12명뿐이지만, 지구 궤도에 건설된 몇몇 우주정거장에서 살았던 사람들은 그보다 훨씬 많다.

최초의 우주정거장인 살류트Salyut 1호는 한 개의 모듈로 이루어졌으며 1971년 소련에서 발사되었다. 발사 5일 후 우주인들은 살류트에 도킹을 시도했으나 불행하게도 출입구가 열리지 않아서 결국 지구로 돌아올 수밖에 없었다.

한 달 뒤에 소유스Soyuz 11호가 살류트 1호와 도킹에 성공했다. 우주인들은 23일간 살류트에 머물렀으나 화재가 발생하여 우주정거장을 버리고 소유스 11호로 이동했다. 소유스 11호 우주인들은 살류트 화재 현장에서 탈출하는 데 성공했으나 비극적이게도 다른 기술적인 문제가 발생하는 바람에 지구 대기권으로 재진입하는 도중 사망했다.

하지만 단념하지 않은 소련은 군사적 목적으로 살류트 우주정거장을 세 개 더 발사했고, 이후 1973년에는 미국이 과학 연구에 초점을 맞춘 우주정거장 스카이랩Skylab을 쏘아 올렸다. 그런데 소련의 살류트가 우주로 나가는 도중 작은 유성과 충돌해 손상을 입는 사고가 발생하여, 살류트에 첫 탑승한 우주인들은 다시 전원을 공급받는 데 주어진 시간을 전부 써야만 하는 난관에 부딪혔다.

1986년 소련이 발사한 미르MIR 우주정거장은 15년간 궤도에 머물렀고, 이 우주정거장이 완성될 무렵 소련은 해체되어 오늘날의 러시아가 되었다. 미르는 지구 궤도에서 여러 개의 모듈을 연결하는 방식으로 처음 건설된 우주정거장이었는데, 이 건설 아이디어는 상당히 효과적이어서 몇 년 뒤에 비슷한 방식으로 국제우주정거장ISS이

만들어졌다.[17]

슬프게도, 미국과 소련 사이의 우주 경쟁은 수십 년 동안 새롭게 거둔 성과가 거의 없는 가운데 흥분이 가라앉으면서 서서히 중단되었다. 이렇게 된 것에는 자금을 투자해야 하는 다른 분야가 있다는 점, 공공의 이익이 결여되었다는 점 등 다양한 이유가 있다.

실제로 1976년부터 37년 동안 달에 간 사람은 없었다. 그러다 2013년 중국국가항천국中國國家航天局, Chinese National Space Administration: CNSA 이 탐사선 창어嫦娥 3호와 달 탐사 로봇 위투玉兔를 중국 최초로 달에 연착륙시켰다. 이후 CNSA는 탐사선 다섯 대를 달에 보냈는데, 2019년 1월에 창어 4호가 세계 최초로 달 반대편에 착륙했다.

CNSA는 우주정거장 시제품 모듈인 톈궁天宮 1, 2호를 성공적으로 궤도에 올려놓으면서 빠른 속도로 우주탐사의 주역이 되었다. CNSA는 또한 장기 목표 두 가지를 발표했다. 하나는 달에 영구 기지를 건설하는 것이고, 다른 하나는 2040년까지 사람들을 화성에 보내는 것이다.

붉은 세계

우리가 아는 한 화성에는 생명체가 없지만 인류가 화성에 가지 말아야 할 이유는 없다. 수십 년 동안 고통스러울 만큼 느리게 진전하긴 했으나, 세계 각국 정부는 마침내 화성에서의 임무가 불러올 흥미로운 기회들을 깨닫기 시작했다. 도널드 트럼프Donald Trump 전 대통령은 심지어 CNSA보다 7년 앞선 2033년 말까지 화성에 사람을 착륙시킬 것을 NASA에 지시하는 문서에 서명했다.[18]

기업가 일론 머스크도 대열에 합류했다. 그가 설립한 기업 스페이스X의 화성 식민지 건설 계획은 미래에 화성에 도착할 식민지 주민들이 자원 채굴에 사용할 장비를 2022년 화성에 운송하면서 시작된다. 그런데 세계 최고 부자인 제프 베이조스Jeff Bezos는 달에 기지를 세우지 않고 화성으로 가는 것은 실용적이지 않다고 주장하면서 머스크가 마련한 대담한 계획에 이의를 제기했다.

베이조스가 설립한 기업 블루 오리진Blue Origin은 2024년까지 달에 착륙한다는 계획을 발표했다. 이 계획에는 향후 화성 임무를 수행하는 과정에 발사대 역할을 할 기지를 세운다는 내용이 담겼다. 초강대국과 세계 부호들이 행성 간 지배를 두고 경쟁하면서, 마침내 우주 경쟁에 다시 불이 붙는 듯 보인다!

화성 착륙은 공학 기술 및 우주인에게 미칠 생물학적 영향 측면에서 도전해야 할 일들이 수없이 많다. 우리가 지구와 화성 간의 거리가 가까워진 시기를 선택한다고 해도, 화성에 도착하기까지 2년은 소요될 것이며 이는 인체에 막대한 타격을 줄 것이다.

CNSA와 유럽우주기구와 로스코스모스Roscosmos(러시아연방우주국)
는 장기간 우주에 격리되면 어떤 현상이 일어나는지 검증하기 위해,
2010년 참가자 여섯 명을 가상 우주선에서 1년 반 동안 지내게 하고
변화를 확인하는 실험을 했다. 참가자들 사이에 싸움이나 말다툼이
벌어지지는 않았지만, 그들은 폐소공포증을 유발하는 숙소에 적응
하고 수개월 뒤에 피로와 심리적 좌절감에 시달리는 큰 문제를 겪었
다.[19]

우리가 도착한 화성이 틀림없이 에덴동산으로 변한다는 보장도
없다. 화성은 중력이 지구의 3분의 1 정도로, 약한 중력이 우리 몸에
어떤 영향을 미칠지 모른다. 국제우주정거장에서 생활하는 우주비
행사들은 근육 위축과 뼈의 과다 수축을 막기 위해 매일 2시간 30분
씩 운동해야 한다.

화성 날씨는 여름 최고 기온이 영하 5도에 머무를 정도로 추우
며, 대기는 95퍼센트가 이산화탄소로 독성이 있다. 화성 대기는 또
한 우리의 몸을 짓누르기에 너무 희박하고, 태양이 방출하는 자외선
을 걸러내기에 너무 얇다. 이는 인류가 특별하게 고안된 알맞은 서
식지 안에 머물러야 한다는 것을 의미한다. 무엇보다 화성에는 우주
선cosmic ray과 태양풍으로부터 우리를 보호해주는 자기장이 없어서
화성 거주 시 암에 걸릴 위험성이 증가할 수 있다.

우리는 이미 남극, 활화산의 산허리, 그리고 지구 궤도에 인류를

위한 기지를 건설했다. 혁신을 추구하는 종족인 인류는 장애물을 도전 과제로 인식하는 역사를 거쳐왔으므로, 화성에 가기를 바란다면 그 꿈을 이룰 것이다.

우리 모두를 위한 과학

아폴로 계획이 추진되는 동안 남자 우주비행사들은 소변 봉투 한쪽 끝에 연결된 깔때기처럼 생긴 도구에 배설기관을 넣고 소변을 봐야 했다. 그 도구는 크기가 정확해야 했는데, 너무 작으면 배설기관을 압박하고 너무 크면 무중력 상태에서 소변이 전부 새어 나오기 때문이다.

깔때기 형태의 도구는 크기가 원래 소형, 중형, 대형으로 표기되었으나, 아폴로 11호를 조종한 마이클 콜린스Michael Collins에 따르면 우주비행사들이 적당한 크기를 고르는 데 더욱 편안함을 느낄 수 있도록 '초대형', '초초대형', '초초초대형'으로 바꾸어 불렀다고 한다.[20]

내가 왜 이토록 유치하고 우스꽝스러운 일화를 소개했는지 궁금할 것이다. 결말이 다소 실망스러울지 모르겠으나, 내가 보기에 이 이야기는 우리가 쉽게 잊는 무언가를 가르쳐준다. 우주비행사들은 훌륭한 인류의 표본으로 명성을 떨치지만 실제로는 다른 사람들처럼 근심 걱정에 사로잡히고 자기 회의에 빠지며 유머 감각을 발휘한다. 모든 과학자와 마찬가지로 우주비행사도 똑같은 인간이다.

현재를 살아가는 우리는 모두 성장 과정이나 지적 능력에 상관없이 자신의 가치를 하찮게 여기면서 매 순간 불안에 떤다. 많은 사람이 때때로 인류에 보존할 가치가 있는지 의문을 품고, 또 많은 사람이 우주의 장대함을 깨닫고는 그에 비해 자신은 보잘것없다고 생각한다. 우주 과학은 잠재적으로 우울함을 유발하는데 우주 앞에 한없이 작디작은 인간을 상기시키기 때문이다.

나의 답은 이렇다. 우주가 정말 단순하다고 상상하자. 지구가 정말 평평하다면, 혹은 태양계 바깥에 아무것도 없다면 과학 이야기가 얼마나 지루할지 생각해보자. 몇 년간 망원경으로 주위를 둘러본 끝에 우리가 알아야 할 모든 것을 파악했다고 가정해보자. 더 이상의 수수께끼는 없다. 탐험은 끝났다. 이제는 발견할 것이 없다.

반면 이처럼 광활하고 다채로운 우주에 속한 자신을 발견하는 일은 얼마나 놀라운가. 필사적으로 해결해야 하는 수많은 수수께끼에 둘러싸여 있다는 것이 얼마나 다행스러운가. 그리고 상상보다 더욱 거대한 우주에서 살아간다는 것은 얼마나 큰 행운인가.

한 명 한 명 보면 우리 모두 조그마한 것은 사실이다. 하지만 모두들 인류가 어디에 적합한지 알고 싶어 하며 갈증을 느낀다. 우리는 우주에 무엇이 존재하는지 알아가는 모험에 참여하고 과학에 경탄한다. 과학 연구는 실험실 가운을 입은 아이큐 150짜리 영재 과학자들만의 전유물이 아니다. 과학은 우리 모두를 위한 것이며 우리 모두가 나눠야 할 짐이자 장애물이자 자신에게 던지는 질문이다.

저 밖에 누군가 와서 탐험하기를 기다리는 거대한 현실이 있다. 그리고 그것은 이루어질 것이다. 나와 여러분 같은 사람들에 의해. 과학은 우리를 동굴 밖으로 데리고 나온 것에서 멈추지 않는다. 다른 별로 데려갈 것이다. 나는 언제나, 진심으로, 과학이 우리 종족을 구하리라 믿는다.

부록

I. 진짜 과학은 둥글다

지구가 둥글다는 것을 증명하는 전통적인 증거는 대부분 지평선이나 별을 관찰한 결과에 의존하는데 지구가 평평하다고 믿는 사람들은 그런 증거들을 의심한다. 아래에는 여러분이 직접 수행할 수 있는 간단한 실험 세 가지가 소개되어 있으며 이들 실험은 지구가 평평할 수 없음을 보여준다. 나는 수많은 지구 평면설 지지자와 아래 실험을 논의했지만 설득력 있는 반론은 아직 제기되지 않았다.

1. 소스팬으로 물을 데우면 가스 불에서 나오는 에너지가 물 분자

로 전달되어 부글부글 끓어오른다. 액체가 완전히 증발하려면 액체 분자들이 그 위를 누르는 대기압과 싸워야 하며, 따라서 물을 누르는 공기가 많을수록 물 끓이기는 더욱 힘들어진다.

해수면에서는 물이 100도에서 끓는다. 해수면보다 고도가 낮아 기압이 높은 곳에서는 물이 강한 대기압에 눌린다. 그러나 산 위로 올라가면 고도 300미터마다 끓는점이 대략 1도씩 낮아지는 현상을 관찰하게 된다.

논리적으로 따져보면, 결국 수면을 누르는 기압과 싸울 필요가 없는 어느 지점에 이르면 애써 힘들이지 않아도 물이 끓어오르게 된다. 즉, 이 지점에서 대기는 작용을 멈춘다.

지구가 평평하다면 대기는 지표면 위로 돔을 형성해야 하는데, 돔은 지구 중심에 자리 잡은 북극에서 높이가 가장 높고 가장자리에 있는 남극으로 갈수록 낮아져야 한다. 이는 남쪽으로 갈수록 돔 두께가 얇아지면서 여러분 위에 자리 잡은 대기가 희박해진다는 것을 의미한다. 지구가 평평했다면 북쪽보다는 남쪽에서 물의 끓는점이 낮았을 것이다. 하지만 덴마크부터 남아프리카에 이르는 지역의 거주민들은 모두 소스팬에 담긴 물이 100도에서 끓는 것을 확인한다.

고도와 위도 변화에 따른 끓는점 측정 결과(끓는점은 고도가 높을수록 낮아지지만, 위도에 따라서는 변화하지 않는다)와 잘 들어맞는 설명은, 대기 두께는 어디서나 같아야 하며 이는 지구가 구면일 때만 가능하다는 것이다.

2. 중력은 안쪽으로 끌어당겨서 물체를 공 모양으로 만드는 힘이
다. 지구 평면설 지지자들은 물체가 아래쪽으로 떨어지는 현상을 설
명할 때 공기와의 부력 차이 때문이라고 하거나, 더욱 극단적으로
는, 거대한 엘리베이터 같은 지구가 아래에서 위로 매우 빠르게 상
승하는 까닭이라고 해석하면서 중력의 존재를 부정한다.

다음은 자유낙하 가속도를 설명하는 창의적인 방식인데, 사람들
은 자유낙하 가속도를 증명하는 이 간단한 실험을 등한시한다. 물
체는 '낙하'하지 않는다. 다만 주위에서 크기가 가장 큰 물체를 향한
다. 큰 물체는 일반적으로 지구이지만 언제나 그런 것은 아니다. 만
약 여러분이 커다란 물체 옆에 선다면 여러분의 몸은 그 물체를 향
해 살짝 기울어질 것이다.

이를 증명하는 가장 간단한 방법은 거대한 산(스코틀랜드의 시할리
온 Schiehallion 산에서 이 실험이 처음으로 수행되었다) 옆에 진자를 설치하는
것이다. 그러면 여러분은 진자가 완전하게 땅을 향하지 않고, 산 쪽
으로 아주 약간 비스듬히 기울어진 모습을 보게 될 것이다.

이 실험은 중력이 단순히 '아래쪽으로 당기는' 힘이 아닌, 서로 끌
어당기는 힘이라는 것을 알려준다. 일단 ① 중력이 존재하며, ② 사
방으로 끌어당기는 힘임을 확인한다면, 지구는 자신을 끌어당기면

서 덩어리로 뭉쳐져야 하므로 둥글어야 한다는 결론을 피할 수 없다. 과거 어느 시점에 지구가 납작했더라도, 종이 한 장이 구겨져 종이 뭉치가 되듯 지구도 둥글게 뭉쳐졌을 것이다.

3. 이 실험에는 다소 비용이 들지만 결과를 고려할 때 해볼 만한 가치는 충분하다. 첫째, 디지털카메라를 구해서 몇 분마다 사진을 찍도록 타이머를 맞춘다. 둘째, 높은 고도에도 버티는 기상 관측 기구weather balloon(가격은 품질에 따라 3만 원에서 70만 원 사이)에 디지털카메라를 붙인다. 셋째, 여러분이 사는 지역에서 항공 교통을 담당하는 기관에 연락하여 특정 장소와 시간에 기구를 날려 보낼 수 있는 허가를 취득한다.

기계를 능숙하게 다룰 수 있다면, 설치한 카메라가 지상으로 사진을 전송하도록 설정하자. 혹시 기계에 익숙하지 않다면, 카메라를 보호 덮개로 감싼 다음 여러분의 연락처를 적어놓자. 그리고 카메라를 발견한 사람에게 작은 보상을 제공한다. 카메라는 하늘 높이 올라가면서 연속 사진을 찍는다. 사진들 가운데 아주 높은 고도에서 찍힌 몇 장에는 지구의 둥근 지평선이 담겨 있을 것이다.

내가 이 실험으로 원하는 결과를 얻을 수 있다는 것을 아는 이유는 수년 전에 내가 근무하는 학교에서 같은 실험을 했기 때문이다. 카메라는 여덟 시간의 여정이 담긴 놀라운 사진을 남겼을 뿐만 아니라, 고도가 가장 높은 지점에서 둥근 지구 지평선을 포착하는 데 성공했다. 우리 학교는 지금도 그 사진들을 물리학부 복도에 전시하고 있으며, 나는 매일 아침 전시된 사진 앞을 지나간다.

II. 모두를 위한 점성술

1년 주기로 우리 머리 위를 반복해 지나가는 별자리들을 황도대zodiac라고 부른다. 별자리 주기상 어느 시점에 있는지를 확인하면 우리는 계절의 시작과 끝을 예상할 수 있다. 황도대를 12조각으로 나눈 바빌로니아 사람들은 우리 관점에서 보았을 때 태양 뒤에 놓이는 특정 별자리를 기준으로 황도대 조각에 이름을 붙였다. 여기서 전갈자리, 황소자리, 쌍둥이자리 등 12가지 별자리 이름이 나왔다.

안타깝게도 점성술의 기초는 몹시 형편없다. 지구는 황도대를 일주하는 데 365와 4분의 1일이 걸리는데, 이는 12로 깔끔하게 나누어지지 않는다. 차라리 13개월로 나누는 방식이 훨씬 나으므로 달력은 13개월로 구성된 편이 합리적이었을 것이다. 심지어 뱀주인자리Ophiuchus라 부르는 13번째 큰 별자리도 있으니 13개월 달력이 훨씬 잘 맞았을 테지만, 바빌로니아인들은 숫자 12를 너무 좋아해서 현실을 무시하고 숫자를 왜곡했다.

바빌로니아인들이 선택한 별자리들도 마찬가지로 제멋대로여서 보편적으로 인식되는 것과 거리가 멀었다. 고대 중국인들은 황도대를 28개로, 고대 이집트인들은 36개로, 마야인들은 19개로 나누었다.

그러나 점성술이 직면한 가장 큰 문제는 지구의 황도대 위치가 서서히 바뀐다는 것이다. 신문 별자리 운세에 등장하는 12개의 별자리는 실제 별자리들이 움직이는 양상과 일치하지 않는다.

그 결과, 같은 별자리 시기에 태어났다고 주장하는 사람 중에서 약 86퍼센트는 실제로 다른 별자리 시기에 태어났으며 지난 수년간 다른 별자리 운세를 읽었다.[1] 그런데 논리적으로 따졌을 때 다른 별자리 운세를 읽으면 예측이 틀려야 마땅하지만, 실제로는 그렇지 않은 것 같다.

매일 별자리 운세를 읽는 사람들 대부분은 내용에 무척 만족한다. 나는 여기에 두 가지 이유만 가능하다고 생각한다. 우선, 별자리를 통한 예측은 내용이 너무 일반적이어서 다른 별자리에 해당하는 내용으로 바꾸어도 다를 바 없기 때문에, 내 별자리가 아닌 쪽에서 운세를 읽더라도 알아차리지 못하는 것이다(이는 별자리 운세가 의미 없다는 뜻이다). 그게 아니라면 별자리는 달력을 크기가 같지 않은 덩어리 12개로 나누는 경이로운 자연 현상이다. 이에 관한 면밀한 조사는 독자 여러분에게 맡기겠다.

III. 아인슈타인 방정식 살펴보기

아인슈타인은 $E=mc^2$로 널리 알려졌으나, 천체물리학계에서 가장 빈번하게 거론되는 그의 방정식은 다음과 같다.

$$R_{\mu\nu} - \frac{1}{2}Rg_{\mu\nu} + \Lambda g_{\mu\nu} = \frac{8\pi G}{c^4}T_{\mu\nu}$$

방정식의 우변부터 살펴보자.

G: '중력상수'로, 우리 우주에서 중력이 얼마나 강한지 가르쳐주는 숫자다. 값은 $6.674 \times 10^{-11} m^3 kg^{-1} s^{-2}$이다.

c: 우주의 제한 속도로, 중력이 두 물체 사이에서 이동하는 속도다. 값은 $3 \times 10^8 ms^{-1}$이다.

π: 파이는 원둘레를 지름으로 나누면 얻는 숫자다. 값은 대략 3.14159이며, 힘(중력 등)이 원 중심에서 바깥쪽 모든 방향으로 뻗어나가는 다수의 방정식에 등장한다.

T: '에너지-운동량 텐서 stress-energy tensor'라고 부른다. 텐서란 주어진 공간의 좌표에서 무슨 일이 일어나고 있는지 알려주는 숫자가 해당 좌표마다 할당된 행렬이다. 텐서는 무슨 일이 발생하는지를 3차원으로 설명하기 유용하며, 따라서 T는 겉보기에 단순한 숫자로 보이지만 실제로는 많은 내용을 의미한다. 구체적으로, 에너지-운동

량 텐서는 우리가 조사하는 시공간의 특정 지점마다 얼마나 큰 에너지(또는 질량)가 있는지 가르쳐준다.

$\mu\nu$: 방정식에서 여러 차례 등장하는 $\mu\nu$는 주어진 공간의 좌표를 정의하는 데 사용하는 표기법으로, 우리가 한 지점에서 다른 지점으로 이동하는 과정에서 물체가 어떻게 변화하는지를 알려준다. 우리는 3차원으로 움직이면서 주위 환경이 어떻게 변하는지 설명하므로, 물리학에서 기호 $\mu\nu$와 자주 마주치게 된다.

이제 방정식의 좌변으로 이동하자.

R: 방정식에서 기호 R은 두 번 등장하는데, 둘은 같은 것을 의미하지 않는다(물리학자님들, 고맙습니다!). 좌변 첫 번째 기호 $R_{\mu\nu}$는 '리치-곡률 텐서Ricci curvature tensor'라고 부른다. '리치'는 이탈리아 수학자 그레고리오 리치쿠르바스트로Gregorio Ricci-Curbastro를 가리키고, '곡률'은 시공간이 기하학적으로 얼마나 구부러졌는지 나타내며, '텐서'는 시공간 영역 내의 모든 지점에서 변화하는 위치와 방향을 가르쳐주는 숫자 행렬이다. 두 번째 R(g 앞에 표기된)은 비교적 간단한 개념이다. 이 R은 텐서가 아니라, 시공간이 얼마나 구부러졌는지 나타내는 하나의 숫자다. 비유를 들자면, 방 안에서 온도는 모든 지점마다 큰 폭으로 오르락내리락할 것이다. 여기서 '지금 온도가 몇 도일까?'라는 질문에 우리는 관찰할 한 지점을 고른 다음에 방의 모든 지점에서 변화하는 온도를 가르쳐주는 텐서를 구할 수 있지만,

간단하게 온도계로 온도를 측정할 수도 있다. 이것이 두 R의 차이점이다.

Λ: '우주 상수'라 불리며 반중력을 표현한다. 처음에는 모든 것이 서로를 끌어당겨야 한다고 방정식이 예견하는 듯했기 때문에, 아인슈타인은 왜 우주가 무너지지 않는지 설명하려고 우주 상수 개념을 넣었다. 나중에 빅뱅으로 우주가 팽창하고 있음을 알고 그는 우주 상수를 제거했지만, 암흑에너지가 발견되면서 현재는 많은 물리학자가 방정식에 우주 상수를 다시 집어넣었다(5장 참조).

g: '계량 텐서metric tensor'라고 하는데 아마도 방정식의 핵심일 것이다. 이 텐서는 시공간이 실제로 얼마나 구부러지는지 정의하는 숫자 행렬이다. R과 T 개념은 우리가 연구하는 시나리오에 따라 달라지는데, 상수인 g가 R과 T를 연결한다. 그 연결한 결괏값은 일정량의 에너지가 시공간의 특정 지역을 얼마나 구부리는지 가르쳐준다.

다시 실내 온도에 빗대어 설명하면, T 개념은 벽난로나 뜨거운 화로를 묘사하는 것과 같다. 즉, 온도를 변화시키는 원인이다. R 개념은 방 공기의 온도가 실제로 어떻게 변화하는지를 기술한 것이다. 그리고 g 개념은 열원과 공기 온도가 어떻게 연결되는지 알려준다. 우리는 g 개념을 다양한 종류의 열원(T가 변화)과 다양한 크기의 방(R이 변화)에 적용할 수 있으며, g는 이들 개념이 어떻게 상호작용하는지 우리에게 가르쳐줄 것이다.

종합하면, 아인슈타인 방정식은 주어진 공간 구역의 에너지, 중력 인자, 중력이 이동하는 속도를 알면(방정식의 우변), 공간과 시간의 차원이 어떻게 휘어지는지 계산할 수 있음(방정식의 좌변)을 알려준다.

IV. 호킹 복사의 이상야릇한 기원

호킹 복사가 어떻게 발생하는지는 상당히 다양한 방식으로 설명된다. 나는 여기서 호킹이 직접 설명한 내용을 소개할까 한다. 그의 설명이 호킹 복사에 딱 들어맞는 것 같아서다. 게다가 내가 어렴풋이라도 내용을 이해하는 설명은 호킹의 방식이 유일하다.

5장에서 우리는 본래 빛이었던 입자 쌍이 잠시 존재하다가 사라질 수 있다는 것을 확인했다. 이 현상의 과정 전체는 여러 단계로 나뉘지만(혹시 궁금하다면, 내가 쓴 책 《양자역학 이야기》에서 설명했으니 참조하도록), 기본 전제는 간단하다. 입자 쌍은 몇 초 동안 빈 공간에 나타났다가 사라질 수 있다.

이 전체 과정은 에너지가 일정한 양으로 유지되므로, 우주에 대부분 문제를 일으키지 않는다. 입자 쌍이 무無에서 생성되어 존재하다가 빠르게 사라지는 바람직한 방식을 취하는 덕분에, 우주는 에너지를 되찾는다.

그런데 블랙홀의 사건 지평선에서는 상황이 다르다. 입자 한 쌍이 블랙홀 표면 경계에 존재하게 되면, 그중 하나의 입자는 블랙홀로 떨어지지만 다른 하나는 그곳에서 도망칠 수 있다. 블랙홀로부터 달아나는 이 새로운 입자가 분명 전에는 없었던 에너지를 포함하는 것 같다. 이것이 호킹 복사다.

무에서 에너지가 만들어지는 결과를 피하는 유일한 방법은, 블랙홀로 떨어지는 입자가 내부로 돌진하면서 일종의 '음성 에너지'를 얻어 거기에 있는 존재를 상쇄하는 것이다. 그 결과 블랙홀 일부는 서서히 약화되고 우주의 총 에너지는 회복된다. 우주는 마치 하루를 마감하면서 반드시 잔고를 맞추어야 하는 일종의 회계 시스템을 갖춘 듯하다. 이 비유를 기억하고, 이야기를 좀 더 따라가보자.

우주는 은행과 약간 비슷한데, 이 은행 안에 직원 '작은 블랙홀' 씨가 불만을 품고 앉아 있다. 블랙홀 씨 책상 위에는 그가 수년간 모아온 입자 더미가 잔뜩 쌓여 있고, 그는 이것을 매우 자랑스러워한다. 그리고 우주 은행에 속하지 않는 그 입자 더미를 손이 닿는 곳에 둔다.

어느 날 '유쾌한 공간' 씨가 나타나 은행에서 입자를 빌린다. 이 은행의 전체 입자 잔고는 현재 -1이고, 공간 씨 입자 잔고는 +1이다. 정상적인 상황이라면 공간 씨가 잠시 후 은행에 입자를 상환하고 잔액이 다시 계산되겠지만, 블랙홀 씨가 여기에 개입하면서 일이 복잡해진다.

　황당하게도 블랙홀 씨는 공간 씨가 은행에서 빌린 입자를 낚아채 창문 밖으로 집어 던진다. 공간 씨는 지금 곤경에 처했다. 잔고가 −1인 은행이 공간 씨에게 입자를 갚으라고 하지만, 빌린 입자는 그가 갖고 있지 않으며 다른 곳으로 날아가 버렸다.

　이 시점에서 블랙홀 씨는 양심의 가책을 느끼고 문제를 일으켜서는 안 된다고 생각한다. 블랙홀 씨는 곤란한 상황에서 벗어나기 위하여 마지못해 자신이 보유한 입자 중 하나를 은행에 상환해주겠다고 공간 씨에게 제안한다. 그러면 공간 씨의 부채가 탕감된다. 은행 잔고는 0이 되고, 공간 씨는 창밖으로 날아간 입자를 걱정할 필요가 없다. 여기서 패배한 자는 자신이 보유한 입자 하나를 잃은 블랙홀 씨뿐이다.

　은행은 유쾌한 공간 씨가 아닌 작은 블랙홀 씨에게서 입자를 돌려받은 것을 그다지 신경 쓰지 않고, 그저 잔액이 회복된 것만 본다. 만약 이런 상황이 오랫동안 반복된다면, 결국 작은 블랙홀 씨는 입자를 전부 잃고 영원히 사라질 것이다.

내게 《천문학 이야기》는 5년 집필 여정의 종착지이자 《원소 이야기》, 《양자역학 이야기》에 이은 과학 3부작의 완성을 상징한다. 나는 무엇이 나를 글 쓰게 하는지에 관한 질문을 많이 받았는데, 그런 질문을 받으면 받을수록 내게 글쓰기란 어떤 의미인지 더욱 고민하게 된다. 근본적으로 글을 쓰는 행위에 깃든 의미는 상당히 단순하다고 생각한다. 글쓰기는 곧 주변에 긍정적 영향력을 끼치는 행동이다. 그리고 내 주위에 다음과 같은 사람들이 있다는 점에서 나는 무척 운이 좋았다.

우선, 이 책에도 아낌없이 헌신한 브리앤 켈리BreeAnne Kelly에게 감사드린다. 브리앤이 가장 좋아하는 주제가 우주여서, 나는 《천문학

이야기》를 읽은 브리앤의 반응이 어떨지 늘 상상하며 글을 썼다. 끊임없이 샘솟는 그의 열정에 이 책이 부응하기를 바란다.

다음으로 로이드 사우스게이트Lloyd Southgate 목사님께 감사의 말을 전하고 싶다. 이 책 본문을 읽고 아낌없는 격려와 피드백을 주었을 뿐만 아니라 내가 과학 교육자로 일하는 데 큰 영감을 선사해주셨다. 목사님께 평안과 축복이 언제나 함께하기를 바란다.

세 번째, 독자들이 내가 쓴 과학 3부작의 감사의 말에 전부 등장한 인물이라 눈치챘을 칼 딕슨Karl Dixon에게 감사의 마음을 보낸다. 칼은 내가 글을 쓴 첫날부터 날 지지해준 사람 중 한 명이었다(직업적으로 글을 쓸 때만을 언급하는 것이 아니다). 집필 활동을 계속할 수 있었던 것은 누구보다도 칼 딕슨 덕분이다.

네 번째로 내 터무니없는 아이디어에도 끊임없이 도전하고, 나를 세상으로 끌어내 현실의 독자가 읽고 싶어 하는 글을 쓰도록 도와준 에이전트 젠 크리스티Jen Christie에게 감사 인사를 전한다.

다섯 번째로 던컨 프라우드풋Duncan Proudfoot, 아만다 키츠Amanda Keats, 하워드 왓슨Howard Watson, 베스 라이트Beth Wright 등 출판사 리틀 브라운Little, Brown 관계자 여러분께 감사드린다. 출판계 사람들이 이토록 쾌활하고, 매력적이며, 헌신적일 줄은 몰랐다.

여섯 번째, 원고에 등장하는 물리학을 검토하고 틀린 내용을 고쳐준 앤드루 마일스Andrew Miles에게 감사의 말을 전하고 싶다. 책 속 과학이 정확하다면 그건 앤드루 덕분이다. 혹시 틀린 부분이 있다면 날 탓하기를.

일곱 번째로 〈스타 트렉〉 영화, TV 시리즈, 소설, 만화책, 잡지, 뮤지컬, 광고 전단, 엽서, 샌드위치 등을 작업한 모든 분께 감사의 마음을 보낸다. 나는 글 쓰는 내내 〈스타 트렉〉에 관련된 매체를 읽거나 듣거나 시청하고 있었고, 그 덕분에 글을 쓰는 동안 언제나 정신을 바짝 차릴 수 있었다.

마지막으로 자녀를 데리고 별을 보러 나가 우주가 부리는 마법을 아이들에게 보여주는 모든 부모, 그리고 나의 아버지께 감사드린다.

머리말

1) Lauren Said-Moorhouse, 'Rapper B.o.B. thinks the Earth is flat, has photographs to prove it', CNN (26 January 2016). Available at: https://edition.cnn.com/2016/01/26/entertainment/rapper-bob-earth-flat-theory/ (accessed 13 September 2019).

2) Alex Knapp, 'The lyrics to B.o.B.'s flat earth anthem "Flatline" with science annotations', *Forbes* (26 January 2016). Available at: https://www.forbes.com/sites/alexknapp/2016/01/26/the-lyrics-to-b-o-b-s-flat-earth-anthem-flatline-with-science-annotations/#4e792aa455d4 (accessed 13 September 2019).

3) C. Garwood, *Flat Earth: The History of an Infamous Idea* (London: Pan, 2008); A. R. Wallace, 'The rotundity of the Earth', Nature, vol. 1, no. 23 (1870), p. 581.

4) U. G. Morrow, *The Earth a Concave Sphere* (Estero, FL: Guiding Star, 1905).

5) Hoang Nguyan, 'Most flat earthers consider themselves very religious', YouGov (2 April 2018). Available at: https://today.yougov.com/topics/philosophy/articles-reports/2018/04/02/most-flat-earthers-consider-themselves-religious (accessed 13 September 2019).

1장

1) C. Sagan, *The Dragons of Eden* (New York: Random House, 1977). (한국어판: 《에덴의 용: 인간 지성의 기원을 찾아서》, 사이언스북스, 2006)

2) P. A. Oesch et al., 'A remarkably luminous galaxy at Z=11.1 measured with the Hubble Telescope GRISM Spectroscopy', *Astrophysical Journal*, vol. 819, no. 2 (2016) pp. 465-73.

3) B. Sato et al., 'The N2K Consortium. II. A Transiting hot Saturn around HD 149026 with a large dense core', *Astrophysical Journal*, vol. 633, no. 1 (2005), pp. 465-73; A. Muller et al., 'Orbital and atmospheric characterization of the planet within the gap of the PDS 70 transition disk?' https://iopscience.iop.org/article/10.3847/0004-637X/819/2/129, *Astronomy and Astrophysics*, vol. 617 (September 2018).

4) S. Kaplan, 'Why a tiny Lego version of Galileo rode on NASA's Juno probe all the way to Jupiter', *Washington Post* (5 July 2016).

5) N. Madhusudhan et al., 'A Possible carbon-rich interior in super-earth 55 Cancri e', *Astrophysical Journal Letters*, vol. 756, no. 2 (2012).

6) M. A. Kenworthy and E. E. Mamjek, 'Modeling giant extrasolar ring systems in eclipse and the case of J1407b: sculpting by exomoons?', vol. 800 (2015).

7) 'Hubble finds a star eating a planet', NASA (20 May 2010). Available at: https://www.nasa.gov/mission_pages/hubble/science/planeteater.html (accessed 13 September 2019).

8) A. Legar et al., 'The extreme physical properties of the CoRoT-7b super-Earth', Icarus, vol. 213, no. 1 (2011), pp. 1-11; L. A. Rogers and S. Seager, 'Three possible origins for the gas layer on GJ 1214b', *Astrophysical Journal*, vol. 716, no. 2 (2010), pp. 1208-16.

9) Richa Gupta, 'Raspberries and rum-Sagittarius B2', *Astronaut* (12 August 2015).

Available at: https://astronaut.com/raspberries-and-rum-sagittarius-b2/ (accessed 13 September 2019).

10) R. Sahai, S. Scibelli and M. R. Morris, 'High-speed bullet ejections during the AGB-to-planetary nebula transition: HSI observations of the carbon star, V Hydrae', *Astrophysical Journal*, vol. 827, no. 2 (2016), p. 92.

11) D. M. Kipping and D. S. Spiegel, 'Detection of visible light from the darkest world', *Monthly Notices of the Royal Astronomical Society: Letters*, vol. 417, no. 1 (2011), pp. 1–5.

12) M. Konacki et al., 'An extrasolar planet that transits the disc of its parent star', *Nature*, vol. 421 (30 January 2003), pp. 507–9.

13) D. J. Armstrong et al., 'Variability in the atmosphere of the hot giant planet HAT-P-7b', *Nature Astronomy*, vol. 1, no. 1 (2016).

14) 'Rains of terror on exoplanet HD-189733b', NASA (31 October 2016). Available at: https://www.nasa.gov/image-feature/rains-of-terror-on-exoplanet-hd-189733b (accessed 13 September 2019).

2장

1) M. J. L. Young, *Religion, Learning and Science in the Abbasid Period* (Cambridge: Cambridge University Press, 2006).

2) J. Needham and C. Ronan, 'Chinese cosmology', in Norriss S. Hetherington (ed.), *Cosmology: History, Literacy, Philosophical, Religious and Scientific Perspectives* (New York: Garland, 1993).

3) N. Oresme, *The Book of the Heavens and the Earth*, trans. A. D. Menut and A. J. Denomy (Madison, WI: University of Wisconsin Press, 1968).

4) S. Weinberg, *To Explain the World: The Discovery of Modern Science* (London: Allen Lane,

2015).

5) D. H. Kobe, 'Copernicus and Martin Luther: An encounter between science and religion', *American Journal of Physics,* vol. 66, no. 3 (1998), p. 190.

6) W. J. Boerst, *Tycho Brahe: Mapping the Heavens* (Greensboro, NC: Morgan Reynolds, 2003) (한국어판: 《티코 브라헤: 천체도를 제작하다》, 피앤씨미디어, 2017); H. Håkansson, *Letting the Soul Fly among the Turrets of the Sky* (Stockholm: Atlantis, 2006); A. Wilkins, 'The crazy life and crazier death of Tycho Brahe, history's strangest astronomer', *io9* (22 November 2010). Available at: https://io9.gizmodo.com/the-crazy-life-and-crazier-death-of-tycho-brahe-histor-5696469 (accessed 14 September 2019).

7) J. Kepler, *Epitome of Copernican Astronomy and Harmonies of the World,* trans. C. G. Wallis (Amhurst, NY: Prometheus, 1995).

8) Queen, 'Bohemian Rhapsody', written by Freddie Mercury (EMI, 1975).

9) Robert Bellarmine, letter to Paolo Foscarini, entitled 'Letter on Galileo's Theories' (12 April 1615).

10) S. Drake, *Discoveries and Opinions of Galileo* (New York: Anchor, 1957).

11) A. Dreger, *Galileo's Middle Finger* (London: Penguin, 2017).

12) 'Vatican admits Galileo was right', *New Scientist* (7 November 1992).

13) C. Peebles, *Asteroids: A History* (Washington, DC: Smithsonian, 2001).

14) P. Rincon, 'The girl who named a planet', *BBC News* (13 January 2006). Available at: http://news.bbc.co.uk/1/hi/sci/tech/4596246.stm (accessed 4 October 2019).

15) D. Jewitt and J. Luu, 'Discovery of the candidate Kuiper belt object 1992 QB$_1$', *Nature,* vol. 362 (22 April 1993), pp. 730-2.

16) C. Trujillo and S. S. Sheppard, 'A Sedna-like body with a perihelion of 80 astronomical units', *Nature,* vol. 507 (27 March 2014), pp. 471-4.

주

17) B. Guarino, 'New dwarf planet spotted at the very fringe of our solar system', *Washington Post* (2 October 2018).

18) J. Scholtz and J. Unwin, 'What if Planet 9 is a primordial black hole?', unpublished (24 September 2019). Available at: https://arxiv.org/abs/1909.11090 (accessed 4 October 2019).

3장

1) US Patent 1-781-541, issued 11 November 1930; R. Greenfield, 'Celebrity invention: Albert Einstein's fancy blouse', *Atlantic* (22 April 2011). Available at: https://www.theatlantic.com/technology/archive/2011/04/celebrity-invention-albert-einsteins-fancy-blouse/237704/ (accessed 14 September 2019).

2) J. P. Luminet, *Black Holes,* trans. A. Bullough and A. King (Cambridge: Cambridge University Press, 1987).

3) J. Wheeler, K. Thorne and C. W. Misner, *Gravitation* (Princeton, NJ: Princeton University Press, 1987).

4) A. Aczel, *God's Equation: Einstein, Relativity and the Expanding Universe* (New York: Delta, 2000). (한국어판:《신의 방정식》, 지호, 2002)

5) G. Lemaître, 'The beginning of the world from the point of view of quantum theory', *Nature,* vol. 127 (9 May 1931), p. 706.

6) S. Singh, *Big Bang* (London: HarperCollins, 2010). (한국어판:《우주의 기원 빅뱅》, 영림카디널, 2015)

7) S. Mitton, *Fred Hoyle: A Life in Science* (Cambridge: Cambridge University Press, 2011).

8) R. A. Alpher and R. C. Herman, 'On the relative abundance of the elements', *Physical Review,* vol. 74, no. 12 (1948), pp. 1737-42.

9) A. G. Levine, 'The large horn antenna and the discovery of cosmic microwave

background', American Physical Society (2009). Available at: https://www.aps.org/ programs/outreach/history/historicsites/penziaswilson.cfm (accessed 14 September 2019).

4장

1) S. Hall, 'BICEP2 was wrong, but sharing the results was right', *Discover Magazine* (30 January 2015).

5장

1) F. Nicastro et al., 'Observations of the missing baryons in the warm-hot intergalactic medium', *Nature*, vol. 558 (21 June 2018), pp. 406-9.

2) G. Gamow, *My World Line: An Informal Autobiography* (London: Viking Press, 1970).

3) A. G. Riess et al., 'Observational evidence from supernovae for an accelerating universe and a cosmological constant', *Astronomical Journal*, vol. 116, no. 3 (1998), pp.1009-38; S. Perlumutter et al., 'Measurements of the Omega and Lambda from 42 high-redshift supernovae', *Astrophysical Journal*, vol. 517, no. 2 (1999), pp. 565-6.

6장

1) D. V. Martynov et al., 'Sensitivity of the advanced LIGO detectors at the beginning of gravitational wave astronomy', *Physical Review D*, vol. 93, no. 11 (2016).

2) S. Schaffer, 'John Mitchell and black holes', *Journal for the History of Astronomy*, vol. 10 (1979), pp. 42-3.

3) M. Bailes et al., 'Transformation of a star into a planet in a millisecond pulsar binary', *Science*, vol. 333, no. 6050 (2011), pp. 1717-20.

4) C. M. Zhang et al., 'Does submillisecond pulsar XTE J1739-285 contain a weak

magnetic neutron star or quark star?', *Publications of the Astronomical Society of the Pacific*, vol. 119, no. 860 (2007), p. 1108.

5) S. Doeleman, 'EHT status update, December 15 2017', Event Horizon Telescope (15 December 2017). Available at: https://eventhorizontelescope.org/blog/eht-status-update-december-15-2017 (accessed 14 September 2019).

6) Interstellar, written by Jonathan Nolan and Christopher Nolan, directed by Christopher Nolan, Paramount Pictures/Warner Bros. Pictures (2014).

7) K. Thorne, *The Science of Interstellar* (New York: W. W. Norton, 2014). (한국어판: 《인터스텔라의 과학》, 까치, 2015)

8) O. James et al., 'Gravitational lensing by spinning black holes in astrophysics, and in the movie Interstellar', *Classical and Quantum Gravity*, vol. 32 (2015).

9) C. W. Misner and J. A. Wheeler, 'Classical physics as geometry', *Annals of Physics*, vol. 2, no. 6 (1957), p. 525.

7장

1) O. Lahav et al., 'Realization of a sonic black hole analog in a Bose-Einstein condensate', *Physical Review Letters*, vol. 105, no. 24 (2010).

2) Alan Lightman, 'The day Feynman worked out black hole radiation on my blackboard', *Nautilus* (11 April 2019).

3) S. Hawking, 'Into a black hole', Hawking.org. Available at: http://www.hawking.org.uk/into-a-black-hole.html (accessed 14 September 2019).

4) T. Yoneya, 'Connection of dual models to electrodynamics and gravidynamics', *Progress of Theoretical Physics*, vol. 51, no. 6 (1974), pp. 1907-20; P. C. W. Davies and J. Brown, *Superstrings: A Theory of Everything?* (Cambridge: Cambridge University Press, 1988).

8장

1) T. Fitzgerald, *Discourse on Civility and Barbarity* (Oxford: Oxford University Press, 2007).

2) 'The Tholian Web', *Star Trek,* season 3, episode 9, written by J. Burns, C. Richards, directed by H. Wallerstein, NBC (15 November 1968).

3) 'Metamorphosis', *Star Trek,* season 2, episode 9, written by G. L. Coon, directed by R. Senensky, NBC (10 November 1967); 'Sub Rosa', *Star Trek: The Next Generation,* season 7, episode 14, written by B. Braga, directed by J. Frakes, Broadcast Syndication (31 January 1994).

4) 'About life detection', NASA. Available at: https://astrobiology.nasa.gov/research/life-detection/about/ (accessed 14 September 2019).

5) D. A. Malyshev et al., 'A semi-synthetic organism with an expanded genetic alphabet', *Nature,* vol. 509 (15 May 2014), pp. 385-8.

6) A. Wolszczan and D. A. Frail, 'A planetary system around the millisecond pulsar PSR1257', *Nature,* vol. 355 (9 January 1992), pp. 145-7.

7) 'Habitable exoplanets catalog', Planetary Habitability Laboratory, University of Puerto Rico at Arecibo (updated regularly). Available at: http://phl.upr.edu/projects/habitable-exoplanets-catalog (accessed 14 September 2019).

8) B. Benneke et al., 'Water vapour on the habitable-zone exoplanet K2-18b', *Earth and Planetary Astrophysics* (submitted 10 September 2019).

9) *Independence Day,* written by D. Devlin, R. Emmerich, directed by R. Emmerich, Twentieth Century Fox (1996).

10) *Signs,* written and directed by M. N. Shyamalan, Buena Vista Pictures (2002).

11) *Mars Attacks!,* written by J. Gems, directed by T. Burton, Warner Bros. Pictures (1996).

12) C. Hooton, 'The Planet Earth 2 crew put every turtle hatchling it saw or filmed back in the sea', *Independent* (12 December 2016).

13) E. M. Jones, '"Where is everybody?" An account of Fermi's question', *Los Alamos National Laboratory CIC-14 Report Collection,* LA-10311-MS, UC-34B (Los Alamos, NM: Los Alamos National Laboratory, March 1985).

14) M. Kaku, *Visions: How Science Will Revolutionize the Twenty-First Century* (Oxford: Oxford Paperbacks, 1999). (한국어판: 《비전 2003》, 작가정신, 2000)

9장

1) G. Brough, 'Men who conned the world', *Today* (9 September 1991).

2) COMETA, 'UFOs and defense: What should we prepare for?', *VSD Magazine* (July 1999).

3) Alphazebra, 'Disclosure Conference, National Press Club, 27 September 2010 (extended version, English subtitles)', YouTube (8 October 2010). Available at: https://www.youtube.com/watch?v=3jUU4Z8QdHI (accessed 14 September 2019).

4) RT, '"Aliens could share more tech with us, if we warmonger less" – former Canada Defense Minister', *YouTube* (5 January 2014). Available at: https://www.youtube.com/watch?v=Pg6VTzacb9I (accessed 14 September 2019).

5) J. Carter, International UFO Bureau Inc., statement made 14 September 1973.

6) J. Miles, *Weird Georgia* (New York: Sterling, 2006).

7) 'Unidentified Aerial Phenomena in the UK Air Defence Region', Defence Intelligence Staff, internal report (2000).

8) K. Ritter, 'Area 51 events mostly peaceful; thousands in Nevada desert', Associated Press (21 September 2019).

9) B. Clinton, 'Remarks by the President upon departure', Office of the Press Secretary of the White House (7 August 1996).

10) L. Keane, 'Groundbreaking UFO video just released by Chilean Navy', *HuffPost* (5 January 2017). Available at: https://www.huffpost.com/entry/groundbreaking-ufo-video-just-released-from-chilean_b_586d37bce4b014e7c72ee56b (accessed 14 September 2019).

11) G. W. Pedlow and D. E. Welzenbach, *The Central Intelligence Agency and Overhead Reconnaissance: The U-2 and OXCART Programs, 1954-1974 (1992)* (New York: Skyhorse, 2016).

12) K. V. Whitman, 'Appeal from the United States District Court for the District of Nevada, Philip M. Pro, District Judge, Presiding', United States Court of Appeals for the Ninth Circuit No. 00-16378, D.C. No. CV-94-00795-PMP, Argued and Submitted 14 June 2002, San Francisco, California, Filed 14 April 2003.

13) G. Warchol, 'Crash site of one of Area 51's mysteries lies near Wendover', *Salt Lake Tribune* (13 June 2011).

14) A. Stolyarov, 'An experimental analysis of the Marfa lights', *The Society of Physics Students at the University of Texas at Dallas* (10 December 2005).

15) B. Dunning, 'The Brown Mountain lights', *Skeptoid Podcast*, no. 226 (5 October 2010).

16) P. Jaekl, 'What is behind the decline in UFO sightings?', *Guardian* (21 September 2018).

17) 'Humanity responds to "alien" Wow signal, 35 years later', *Space* (17 August 2012). Available at: https://www.space.com/17151-alien-wow-signal-response.html (accessed 14 September 2019).

18) D. S. McKay et al., 'Search for past life on Mars: Possible relic biogenic activity in

Martian meteorite ALH84001´, *Science*, vol. 274, no. 5277 (1996), pp. 924-30.

19) *The Thing*, written by B. Lancaster, directed by J. Carpenter, Universal Pictures (1982).

20) E. K. Gibson et al., ´Evidence for ancient Martian life´, NASA (July 1999). Available at: https://mars.jpl.nasa.gov/mgs/sci/fifthconf99/6142.pdf (accessed 14 September 2019).

21) E. Chatzithedoridis, S. Haigh and I. Lyon, ´A conspicuous clay ovoid in Nakhla: evidence for subsurface hydrothermal alteration on Mars with implications for astrobiology´, *Astrobiology*, vol. 14, no. 18 (2014), pp. 651-93.

22) E. Hunt, ´Chinese city "plans to launch artificial moon to replace streetlights"´, *Guardian* (17 October 2018).

23) T. S. Boyajian et al., ´Planet hunters X.KIC 8462852 – where's the flux?´, *Monthly Notices of the Royal Astronomical Society* (17 October 2015).

24) N. Drake, ´Mystery of ´alien megastructure´ star has been cracked´, *National Geographic* (3 January 2018).

10장

1) A. William and M. Parsons, *The Lore of Cathay:Or, The Intellect of China* (New York: F. H. Revell, 1901).

2) D. R. Williams, ´The Apollo 13 accident´, NASA (12 December 2016). Available at: https://nssdc.gsfc.nasa.gov/planetary/lunar/ap13acc.html (accessed 14 September 2019).

3) ´Apollo 13 technical air-to-ground voice transcription´, prepared by Test Division, Apollo Spacecraft Program Office, NASA (April 1970).

4) A. G. Stephenson et al., ´Mars Climate Orbiter Mishap Investigation Board Phase

1 Report´, NASA (10 November 1999). Available at: http://sunnyday.mit.edu/accidents/MCO_report.pdf (accessed 3 November 2019).

5) *Armageddon*, written by R. R. Pool, J. J. Abrams, J. Hensleigh, directed by M. Bay, Buena Vista Pictures (1998).

6) C. Sagan, *Cosmos* (London: Abacus, 1983). (한국어판: 《코스모스》, 사이언스북스, 2006)

7) A. Melott et al., ´Did a gamma-ray burst initiate the late Ordovician mass extinction?´, *International Journal of Astrobiology*, vol. 3, no. 55 (2004).

8) *The Day the Earth Stood Still*, written by E. H. North, directed by R. Wise, Twentieth Century Fox (1951).

9) B. Aldrin, ´We explore or we expire – it´s time to focus on a great migration to Mars´, *News North America* (3 May 2019).

10) E. Kim, ´Online food delivery still presents a $210 billion market opportunity´, *Tech Crunch* (8 October 2016).

11) J. Kepler, *Ad Vitellionem Paralipomena* (Frankfurt: C. Marnius and Heirs of J. Aubrius, 1608).

12) ´LightSail: flight by light for CubeSats´, The Planetary Society. Available from: http://www.planetary.org/explore/projects/lightsail-solar-sailing/ (accessed 14 September 2019).

13) ´Breakthrough Starshot´, Breakthrough Initiatives. Available at: https://breakthroughinitiatives.org/initiative/3 (accessed 14 September 2019).

14) A. N. Shapiro, ´The physics of warp drive´, Alan N. Shapiro, Technologist and Futurist, blog and text archive (14 April 2010). Available at: https://web.archive.org/web/20130424012220/http://www.alan-shapiro.com/the-physics-of-warp-drive/ (accessed 14 September 2019).

15) H. S. White, 'Warp-field mechanics 101', NTRS, NASA (2 September 2011). Available at: https://ntrs.nasa.gov/archive/nasa/casi.ntrs.nasa.gov/20110015936. pdf (accessed 3 November 2019).

16) C. Burgess and C. Dubbs, *Animals in Space: From Research Rockets to the Space Shuttle* (New York: Springer, 2010).

17) J. Chladek, *Outposts on the Frontier: A Fifty-Year History of Space Stations* (Lincoln, NE: University of Nebraska Press, 2017).

18) H. Weitering, 'NASA's Moon-by-2024 push could help put astronauts on Mars by 2033, chief says', *Space* (3 April 2019). Available at: https://www.space.com/nasa-moon-2024-landing-mars-2033.html (accessed 14 September 2019).

19) I. Sample, 'Fake mission to mars leaves astronauts spaced out', *Guardian* (7 January 2013).

20) M. Collins, *Carrying the Fire: An Astronaut's Journeys* (London: Pan, 2009). (한국어판: 《달로 가는 길》, 사월의 책, 2019)

부록

1) A. Griffin, 'Astrological signs are almost all wrong, as movement of the moon and sun throws out zodiac', *Independent* (23 March 2015).